玉润中国

玉文化·中国十大文化

·中国玉石文化丛书·

王清华 王林 宋玉朝◎主编

王林◎著

中国书店

图书在版编目（CIP）数据

玉润中国 / 王林著. — 北京：中国书店，2013.1
ISBN 978-7-5149-0682-0

Ⅰ. ①玉… Ⅱ. ①王… Ⅲ. ①玉石—文化—中国
Ⅳ. ①TS933.21

中国版本图书馆CIP数据核字（2013）第006002号

主　　编：王清华　王　林　宋玉朝
执行主编：王　林
作　　者：王　林

编委会：
王清华　王　林　宋玉朝　姜　涛　宋　哲　王　坦
刘晓强　李　迅　王　娜　王　迪　陈冠旭

策划单位：
河南省镇平县玉文化改革发展试验区管理委员会

中国玉石文化丛书
玉润中国

王　林 / 著
项目统筹：陈连琦
责任编辑：王　丹

出版发行：中国书店
地　　址：北京市西城区琉璃厂东街115号
邮　　编：100050
印　　刷：北京盛兰兄弟印刷装订有限公司
开　　本：787mm × 1092mm　1 / 16
版　　次：2013年3月第1版　2013年3月第1次印刷
印　　数：5000册
字　　数：120 千字
印　　张：16.5
书　　号：ISBN 978-7-5149-0682-0
定　　价：138.00元

（代前言）

文化是一个国家和民族的灵魂

文化之力，无形且大，文化是一个民族和国家的灵魂。一个民族之所以区别于其他民族，最主要的特征就是拥有自己独特的传统文化，这是一个民族始终凝聚在一起的重要力量。国家可以被消灭，但文化没有死亡，这个民族就有希望。犹太人自两千多年前摩西出埃及，就失去了自己的国家，但犹太人不管身在何方，不管生存多么艰难困苦，都始终顽强地坚持着他们自己的民族文化，结果在两千多年后又建立了属于自己的国家——以色列。与犹太文化的坚韧相反，在世界文化发展史上，许多优秀的文化形态却因为异族的入侵而中断。在四大文明古国中，古印度文化因雅利安人入侵而雅利安化；古巴比伦文化因波斯人、马其顿人和帕提亚人的入侵和占领而化为历史的烟尘；古埃及文化则因入侵者的变化曾一度希腊化，后又罗马化，再后又伊斯兰化。惟有中华文化生生不息，绵延不绝，在元朝和清朝时多次被北方游牧民族征服，但北方游牧文化一次又一次被汉文化同化，这就是中华文化表现出的无与伦比的生命延续力。

在中华民族五千年的灿烂文化中，玉文化以其独特个性和丰富的文化内涵，始终占据统治地位，是中华五千年文化的源头和主脉，是孕育其他诸多文化的渊薮母体。在人类的历史长河中，无论是史前时期的氏族部落，还是奴隶社会、封建社会的国家建制，在所有社会物质财富中和政治、宗教、思想、文化关系最为密切的莫过于玉器了。中国玉文化是我国古代玉器在制造与使用、收藏过程中，经过历史积淀形成的典章制度、社会道德、信仰习俗、观念意识、艺术风格与社会化功能的集合体。中国玉文化具有三大特征：一是玉文化具有根源性。玉文化是中华民族最早的文化，可以说中华民族的灿烂文化是从玉（石）器文化开始的，而且玉（石）器文化从新旧石器开始，从未断代断层，内容也非常丰富，大量存世的精美玉（石）器足以让国人为之自豪和骄傲，并且经过历史的长期积淀，形成了具有个性和丰富内容的玉文化。二是具有独特性。在全世界，产玉的国家有中国、巴西、美国、俄罗斯、缅甸等10余个国家和地区，但玉文化在中国连绵不绝发展了近万年，而在其他国家和民族却找不到一个与之相比照的对象，玉文化是中国独有的文化。三是具有融合性。中国玉文化在数千年的形成过程中与原始农耕文化、神龙文化、“儒、释、道”文化、英雄文化、殓葬文化、音乐文化、健康文化、礼仪文化、诗文文化和吉祥文化等有着千丝万缕的联系，是玉的五德滋润着祖国的山川大地，是玉文化和神龙文化等诸多文化共同演绎了中国的灿烂文化，铸就了中华民族五千年的文明史。

汉代许慎《说文解字》中归结玉有五德：仁、义、智、勇、洁。其核心就是“仁”，是“润泽以温”。自一万年前我们的祖先发现和使用玉石后，便有了玉文化，玉的五德时时刻刻滋润着中华民族的山川大地，并派生出其他诸多的文化。因此，玉文化也就成了中华民族文化的源头文化、主体文化和母体文化。

在玉文化与原始农耕文化的融合方面：新石器时期，原始的农业出现了，祖先们用他们的智慧和勤劳，男耕女织，艰难度日。没有劳动工具，他们就选择一些美丽的玉（石）制作成玉（石）斧、玉（石）刀等生产工具和石磨盘、石磨棒等生活用具，这些粗糙的生产工具和生活用具在今天看起来并不起眼，但在那个遥远的年代却具有划时代意义。于是，玉文化和原始农耕文化有机地融合在一起。

在玉文化与神龙文化的融合方面：中华民族是龙的传人，中国是龙的国度。在中国，龙的演变历史非常悠久，早在8000年前新石器时代的前红山文化时期就有了用褐色石块堆起的长20、宽2米的堆塑龙。在距今6500年前的河南濮阳古墓中出土了用白色蚌壳拼摆的塑龙图案。在距今5000年前新石器时代的红山文化时期，出土了“中华第一龙”。之后，到玉猪龙的发现，到战国玉龙的出土，到清代龙玺强大阵容的推出，再到2008年奥运会龙玺的问世，可以说神龙文化是玉文化的主要元素和重要组成部分，玉龙的演变历史可以称得上是中国玉文化发展史的缩影。

在玉文化与“儒、释、道”文化的融合方面：在中国玉文化发展史上，对玉文化影响最大的就是儒家文化，确切地说是孔子提出的“德玉文化”。《礼记·聘义》记载，孔子认为玉有十一德：仁、智、义、礼、乐、忠、信、天、地、德、道。《诗经》云：“言念君子，温其如玉”，所以君子一定重视玉。在孔子“德玉文化”的影响下，中国玉器文明连绵不绝发展了近万年。孔子将玉人格化，赋予玉道德的内容，把玉纳入道德规范，使玉走下了早期的神坛，发展到春秋战国时期的德玉文化，这种德玉文化已成为道德准则和行为规范，深深植根于人们心中，一代一代传承至今。此外，玉文化与佛家文化和道家文化在长期的发展过程中，相互渗透，相互包容，相互汲取营养，共同提高，成为中国玉文化发展史上共生共荣的典范。

在玉文化与礼仪文化的融合方面：中国是世界四大文明

古国之一，号称礼仪之邦，而我国的礼仪文化，起源于中国的“三礼”制度，即《周礼》、《仪礼》和《礼记》，合称为“三礼”，对中国文化特别是玉文化产生过深远的影响。其中礼玉的“六器”，即玉璧、玉琮、玉圭、玉璋、玉琥、玉璜，就是根据“三礼”相关的重要思想而制作的。此外，还有唐代的玉銙、清代的朝冠、朝珠和玉扳指等，也都是根据“三礼”的重要思想和内容制作和使用的。我们从中可以清晰地看到我们中华民族走向文明的足迹，号称礼仪之邦的中华古国的礼仪典章，正是崛起于这丰厚的玉文化土壤之中。

在玉文化与吉祥文化的融合方面：“德玉文化”是玉文化永恒的主题，但在主要表现形式和内涵上却常突出吉祥文化，玉必有工，工必有意，意必吉祥。按照哲学两分法的原则，任何事物都有两重性，在玉文化中表现出来的吉祥文化却不尽然，吉祥的尽量凸显，丑恶的一面常常被有意识地回避，或者视而不见。

在玉文化与中国其他诸多文化的融合方面，也取得了辉煌的成就。诸如，玉文化与诗文文化的融合，有玉器作品《长生殿》、《枫桥夜泊》、《夜游赤壁》、《观沧海》、《梅花》等等；玉文化与殓葬文化的融合，从东周的“缀玉面罩”开始到三国时期曹丕下诏禁用玉衣为止的四百余年间，达到了全盛，特别是汉代以“金缕玉衣”为主的葬玉，成了中华玉文化史上殓葬用玉最为奢侈的一幕，堪称举世无双的奇观；玉文化与英雄文化的融合，有玉文化与神话英雄结合的玉器作品《女娲补天》、玉文化与民族英雄结合的玉器作品《炎黄二帝》、玉文化与文化英雄结合的玉器作品《大禹治水》、玉文化与历史英雄结合的玉器作品《三顾茅庐》、《桃园三结义》等，有玉文化与民族英雄结合的玉器作品《满江红》、玉文化与忠义英雄结合的玉器作品《关公》、玉文化与大众英雄结合的玉器作品《读书郎》等。在玉文化与健康文化的融合上，形成了“人养玉、玉养人”的共识，玉的矿物有机成分成为中医药的原料，这在《神农本草》、《本草纲目》、《黄帝内经》等中医学古籍中有大量的记载，人们还制出了大量玉质上乘的精美饰品、饮食用具等；在玉文化与音乐文化的融合上，人们已经制作出了石磬、玉笛、石排箫、编钟、钮钟、玉唢呐、玉二胡等乐器，阵容庞大，颇为壮观。

玉文化与中国十大文化的融合，形成了中国文化史上最为灿烂辉煌的一页。

我和王林局长认识11年了，那还是在2000年秋季中国珠宝玉石首饰行业协会换届时认识的，可以称上是老朋友了。在那时，王林先生已任河南省镇平县玉雕管理局局长，我们业内都称之为“天下第一局”。那是因为镇平是“中国玉雕之乡”，又是在全国第一个成立县级玉雕管理局的，且县级玉雕管理局在市以上无主管单位，在中国玉文化历史上县级还没有成立玉雕管理局的先例。王林先生任镇平玉雕管理局局长的11年，是镇平玉文化产业发生翻天覆地变化的11年，他和他的同仁们在全国最早举办了“中国·镇平国际玉雕节”，每年都要举办玉雕精品评奖、玉雕精品展销、玉文化高峰论坛、高层人才培训等活动，取得了业界公认的不斐业绩。玉文化产业目前从业人员30万人，市场规模不断扩大，产业链条日趋完善，玉雕加工工艺水平是中国10年来进步最快的地区，在全国的影响力日益扩大，已成为中国最大的以玉雕为主的工艺品加工销售集散地。这一切的一切，主要得益于当地政府的大力扶持，得益于像王林局长这样一批潜心玉文化研究的有心人。此外，王林局长还先后出版了《中国独山玉文化论丛》、《玉乡之星》、《玉乡瑰宝》、《玉乡千秋》等专著，做了一件荫及子孙后代的大善事，这在当今社会更显得难能可贵。这次王林局长请我为他即将出版的《玉润中国》写序，我欣然同意了，因为这件事情不仅是王林局长个人的事情，也是我们全国玉雕界的一件大好事，这样的好事我何乐不为。

《玉润中国》大约12万余字，古玉精品图片和现代玉雕精品图片322幅，用大量的资料和精美的图片论证了玉文化是中国灿烂文化的源头文化、主体文化、母体文化，而且从不同侧面诠释了玉文化与神龙文化、礼仪文化等十种文化的成因与关系，展示中国玉文化的精彩魅力，有很强的知识性、史料性和趣味性，敬请玉文化爱好者一读。

孙凤民

2013年1月

（孙凤民：中国珠宝玉石首饰行业协会常务副会长、秘书长）

目 录

目录

第一章

玉文化与原始农耕文化

独山玉 泛舟（刘晓强 王志亚 侯庆申）
15×12×6cm

艺术点评

此作品可称上色美、质佳、意好、工绝。一是色美。独山玉是玉石中色彩最为丰富的玉种，白、蓝、紫、红等色有10余种，加上过度色其颜色可达几十种。此作品的色彩更是斑斓多彩，犹如一幅天然的国画，恰似一首无言的诗歌，可以称上玉中有画，画中藏诗，诗中寓画，让人不由得想起毛泽东 “赤橙黄绿青蓝紫，谁持彩练当空舞”的诗句来，观之十分耐看。二是质佳。此作品的玉料可以说是独山玉中的上上之品，地好、水足、色美且绿得阳正。三是意好。初春时节，绿染大地，两位老者泛舟水上，悠闲自得，一面游览美丽的山川，一面谈论人生，岂不快哉！四是工绝。作者将透水白、天蓝及黑色部分简单打磨成伟岸的大山，不仅可保留原有的玉质美，且达到顺色立意的目的，此乃“高手”所为。此外，作者将酱黄色雕琢成黄花烂漫的崖壁劲枝，将透水白精雕成泛舟人物、翻卷的水花、水草等，彰显出作者不仅对大局有上乘的把握能力，而且对作品中的细节雕刻得非常精细，表现了作者娴熟的刀工。整个作品大气，层次分明，是件佳作。

原始农业产生于距今10000年左右的新石器时代。洪荒的远古历史，都被时光的尘土深埋在地下。远古时期那茂密的森林、美丽的山川、丰收的庄稼和简陋的农舍，早已不见了踪迹。我们的视线只能从历史文献记载、传说和考古发掘出的玉（石）器中找到一些记忆。我们的目光似乎穿越时空，试图从史前的玉（石）器中寻找文明前夜那曙光一缕，感受中华民族先人成长的灵光烛照。

在原始农业文化形成的过程中，玉（石）工具和玉（石）生活用具对原始农业文化的产生与发展有着密切的联系，起着至关重要的作用。本章讲的玉文化与原始农耕文化的关系，主要是指在青铜器时代未出现以前这段历史时期内，玉（石）文化对原始农耕文化所起的巨大推动作用和产生的重要影响。当然，本章内容不可避免的还要涉及到“三代”后乃至春秋战国和两汉时期的玉文化和农耕文化，那都是次要的方面。假若，当初没有玉（石）的生产工具、玉（石）生活用具的发明和使用，我们祖先的生活和劳作会更加艰辛，远古的农业经济和社会生产力因此会发展得非常缓慢。这些玉（石）生产工具和玉（石）生活用具，在今天看来并不怎么起眼，但在远古时期，却具有划时代的意义。

艺术点评

这是内蒙古兴隆洼遗址中出土的红山文化玉斧。玉斧出现于新石器时代晚期，为实用性的生产工具，也可以作为武器，是一种扁平的梯形器，上端有孔，可缚扎执柄，下端有刃。在史前时期，斧曾作为一种实用性的杀人武器，后以玉制成，便演化为氏族酋长或部落首领执掌的王权象征。

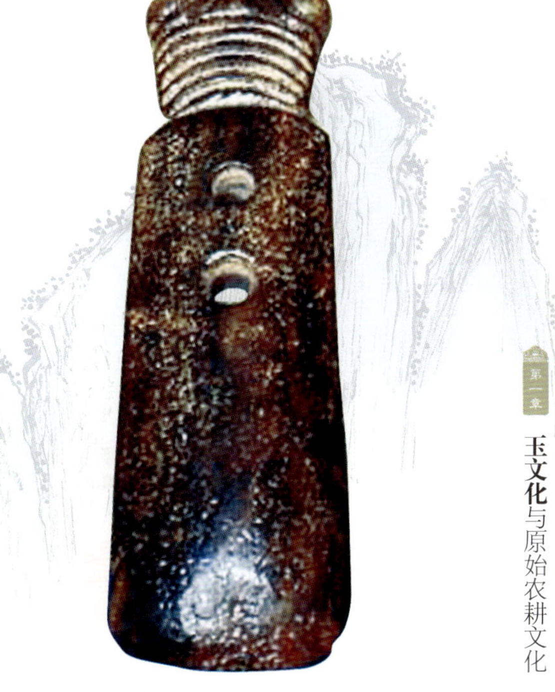

红山文化 玉斧

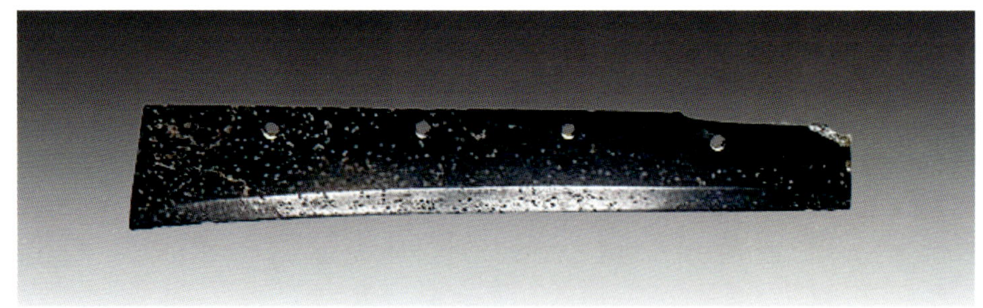

新石器时代 四孔刀

艺术点评

新石器时代四孔刀，长4.1厘米、宽7.4厘米，现收藏于中国国家博物馆。此器通体磨制，刀背处有纵向排列的四个穿孔，孔距大致相等，刃部双面磨制，非常锋利。

商代 兽面纹刀

艺术点评

兽面纹刀，长9.3厘米、宽4.4厘米，为商代王武丁时期玉器，出土于河南殷墟妇好墓，现收藏于中国国家博物馆。此器刃部平直，双面磨制，背部有两孔，两面纹饰相同，以双阴线刻兽面纹，大鼻，“臣”字眼，双卷云耳，吻部位于刀背处，角抵于刃部，纹饰精美华丽，但刀身未见使用的痕迹，或是用于礼仪的器物。

我国古代神话传说中，有炎帝号称“神农氏”。据说在神农氏之前，人们吃的是爬虫走兽、果菜螺蚌，后来人口逐渐增加，食物不足，迫切需要开辟新的食物来源。神农氏为此尝遍百草，历尽艰辛，多次中毒，找到了解毒办法，终于选择出可供人们食用的谷物。因此，在历史记载中“谷”被誉为“神”。接着神农氏又观察天时地利，创制耒耜，教导人们种植谷物。于是，原始的农业出现了，这种传说是农业发生和确立的时代留下的史实。随之而来的为原始农业生产和人们生活服务的玉（石）工具和玉（石）生活用具也出现了。人类祖先们使用玉（石）农具，刀耕火种，撂荒耕作制成为原始农业生产的主要特点，这在全国众多的玉文化遗址中得到了印证，已发现玉（石）凿、玉（石）铲、玉（石）锄、玉（石）斧等与原始农业密切相关的玉（石）器。同时，还有一些与祖先日常生活密切相关的玉（石）生活用具和饰品。从这些玉（石）生产工具和玉（石）生活用具中，我们可以窥视出在那遥远的洪荒时期，玉（石）文化和原始农耕文化实现了有机的融合。

白玉 竹尖壶（宋鸣放）

15×9×9cm

青玉 竹尖壶（魏玉忠）

16×10×10cm

艺术点评

几乎是同样尺寸的两个竹尖壶，一白一青，白的为中国玉石雕刻大师宋鸣放设计制作，青的为中国玉石雕刻大师魏玉忠大师精心雕琢而成，白的温润洁白，青的满眼清爽，造型均中规中矩，做工精美考究，给人一种春归大地，生机盎然之感。

一、裴李岗玉（石）文化和原始农耕文化的融合

裴李岗文化是中国黄河中游地区的新石器时代文化，年代大约在公元前5300年——公元前4600年。由于最早在河南省新郑市的裴李岗村发掘并认定而命名。该文化的分布范围以新郑为中心，东至河南东部，西至河南西部，南至大别山，北至太行山，重要遗址还包括临汝中山寨遗址、长葛石固遗址等。

裴李岗文化是中国新石器时代中期的考古学文化，也是中华民族文明起步文化。1977年至1982年春，考古工作者先后对新郑县的裴李岗、鹿邑和沙窝等遗址进行了五次较大规模发掘，发掘面积3550多平方米，清理墓葬146座、灰坑44个，获磨制石器212件、陶器299件。其他还有房基、窑穴、骨器和动植物残存等。2001年，新郑的裴李岗文化遗址被公布为中国20世纪百项考古大发现之一、河南省十大考古大发现之一和全国重点文物保护单位。

裴李岗文化的发现给中国远古文明涂抹了一层神奇莫测的独特风采，使众多的考古工作者为之着迷倾倒。考古学家赵世纲在他的《关于裴李岗文化若干问题的探讨》中说："西亚的新月形地带和中国的嵩山东麓，好像东西并列的两座灯塔，这在八千年前，同时期出现在亚洲两翼，标志着东半球进入了'农业革命'新时代的黎明时期"。显然，在人类文明初露曙光之际，裴李岗人已经具有了非凡的能力，他们用来耜、石斧、石铲进行耕作，种植粟类作物，用石镰进行收割，用石磨盘、石磨棒加工粟粮，男耕女织，他们利用自己的双手和智慧，创造出了辉煌灿烂的古老文明，作为一份珍贵的厚礼馈赠给万世子孙。

裴李岗文化，无论是它的生产力还是文化艺术，在中国远古这块大地上都处于领先的地位。尤其是石磨盘和石磨棒、石镰等生产和生活石具，对裴李岗当时的农业经济发展和人们的日常生活，起到了决定性的作用。石磨盘和石磨棒最初的发现，一种情况是被滂沱大雨冲刷出来的，另一种是农民平整土地、取土时挖出来的，再就是农民犁地时从地下翻出来的，先后发现40余件。当初，谁也没有想过它究竟为何物，为什么地里会生出这奇怪的东西来，更没有想到过，这是一个消失的伟大文明遗留下来的文化精髓。它在永不停止地吟唱着那个时代的精神，而它所蕴涵的深邃思想却是现代人所无法理解的，它注定要等到人们能掌握破解密码的钥匙后，才能重现真实的面目。最后，石磨盘、石磨棒被确定为原始社会晚期的遗物，为碾谷物的生产工具，但没有说明具体时代。

密玉 仿古瓶（王冠军）

33×16×8cm

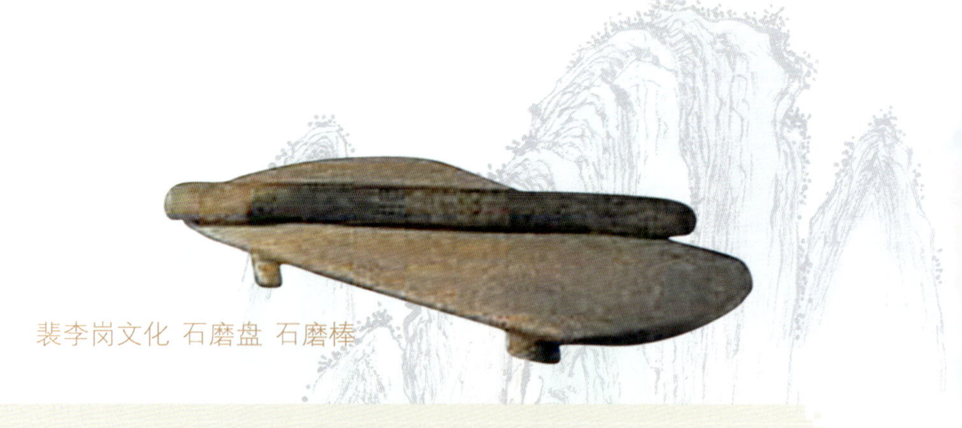

裴李岗文化 石磨盘 石磨棒

艺术点评

石磨盘的形状像一块长石板，两头呈圆弧形，像鞋底状。石磨盘是用整块的砂岩石磨制而成，正面稍凹，可能是长期使用造成的。大多石磨盘的底部有四个圆柱形状的磨盘腿，高3至6厘米。石磨盘一般长70厘米左右，最长者可达1米，宽度一般为20厘米至30厘米。与其配套使用的是石磨棒30厘米至40厘米，直径6厘米左右。真是难以想象，在如此遥远的时代，人类能够用整块石板琢磨出可供谷物脱壳的加工工具，由此可见石器对原始农业的贡献是非常大的。而更加令人难以理解的是，这种凝聚着高度智慧的加工石器，为什么会在以后的文化层中突然神秘地消失了呢？至今仍是一个谜。

独山玉 如意（吴元全 作孟超）

60×12×8cm

二、河南南阳黄山玉（石）文化和原始农耕文化的融合

该遗址位于河南省南阳市城北约10公里处，东西长600米，南北宽500米，高出地面17米，东临南阳白河，北、西、南三面与平原接壤，附近盛产石灰岩、汉白玉等，并距著名的南阳独山玉玉矿约3公里，是河南省重点文物保护单位。该遗址不仅拥有新石器时代的一切可见的特征，如广泛使用磨制石器、制造陶器、开始定居生活、发展农业和畜牧业，生活资料有可靠来源，而且就地取材，大量采集磨制与使用独山玉器，从而成为新石器时代中原地区最早、最大的玉雕村。1959年，在该遗址发现独山玉铲两件、玉凿两件、玉璜一件，距今已有六千年的历史，故河南南阳黄山出土的玉铲被称之为“中华第一铲”。随后，相关人员在该遗址上又发现各类遗物1200余件，其中石器有石条、砺石及石钻等，独山玉玉器有铲、斧、镰、锛、刀、楔、镞、球等。

独山玉 炉（仵楚英）

30×14×14cm

艺术点评

独山玉的开发使用历史十分悠久，自新石器时代的原始农耕文化时期就大量开发使用，1959年在南阳黄山文化遗址发现了两件独山玉玉铲，现藏河南省博物馆，被称为“中华第一铲”，使独山玉开发使用的历史得到了验证。目前，独山玉加工工艺已形成了“生态、俏色、精工”的语言体系，其大师群已在全国玉雕界有举足轻重的地位。此件独山玉炉，采用整块独山玉玉料，色彩肌理浑然天成，器形规整，纹饰古朴典雅，工艺精美，古色古风。

三、半坡玉（石）文化和原始农耕文化的融合

半坡遗址位于陕西省西安市东部灞桥区，是黄河流域一处典型的原始社会母系氏族公社村落遗址，属新石器时代仰韶文化，距今6000年左右。1954年至1957年，共发掘45座房屋、200多个窟穴、250座墓葬，出土石斧、石锛、石锄、石铲、石刀、石磨盘、石杵、石凿等735件，可分为农业生产工具、渔猎工具、手工业工具。同时，还在半坡遗址发现了粟的遗存和蔬菜籽粒，以及家畜和野生动物骨骸。

白玉 方立壶（张春风）

20×17×8.5cm

青玉 茶碗（魏玉忠）

16×10×10cm

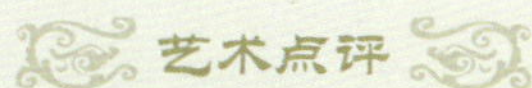

艺术点评

薄胎工艺从来都要求玉雕大师有浑厚的功力，对制作过程中工具的使用和发力要求极高。此外薄胎茶碗规整古朴，清润细腻，薄如蝉翼，声如石磬，轻如鸿毛，浑身浮雕缠枝花纹，秀逸华美，不禁让人醉意丛生，要将近万年的玉文化历史都盛于这碗中。

四、河姆渡玉（石）文化和原始农耕文化的融合

河姆渡玉（石）文化因1973年第一次在浙江余姚河姆渡发现而命名，是中国长江流域下游地区古老而多姿的新石器文化，主要分布在杭州湾南岸的宁绍平原及舟山岛，年代约为公元前5000年至公元前3300年。在河姆渡遗址发掘出石斧、石锛、石凿等874件，可分为生产工具和生活用品两大类，器形较小，磨制不精，尚留下不少打击和琢制的痕迹，大多属于砍伐树木和加工木构件的工具，有的可作为农具和加工骨、木的工具。其他的石器还有砺石和马鞍形的石块、石球，后两种可能是谷物和硬壳果实的脱壳工具。同时，还发现了大量栽培的稻谷，在稻穗纹陶盆上印有稻穗的图案。它的发现有着非常大的意义，改变了中国栽培水稻从印度引进的说法，许多考古学家依此认为河姆渡可能是目前世界上最古老、最丰富的稻作文化发源地。

独山玉 稻花香（刘晓强 马海军）

100×60×40cm

艺术点评

古有河姆渡文化陶盆上精美的稻穗图案，被考古学家认为是世界上最古老、最丰富的稻作文化发源；今有独山玉作品《稻花香》，被玉雕界专家称之为可以传世的佳作。是否是河姆渡文化陶盆上的稻穗图案给了玉雕大师以创作灵感，还是玉雕大师从玉文化与原始农耕文化融合中受到了启迪，从而创作出了独山玉《稻花香》的作品，不得而知，也可能是巧合。独山玉的多色性，给玉雕大师们提供了广阔的思维空间和创作余地，看到独山玉《稻花香》的作品，使人的思绪不由得回到河姆渡文化时期那遍地稻花的场景。

五、仰韶玉（石）文化和原始农耕文化的融合

仰韶文化是黄河中游地区重要的新石器时代文化，因1921年在河南省三门峡市渑池县仰韶村被发现而命名，时代大约在公元前5000年至公元前3000年，分布范围东起豫东，西至甘肃、青海，北到河套内蒙古长城一线，南抵汉江，在全国共有文化遗址5000余处，其中陕西2040处，河南1000处。目前，已发掘出近百处文化遗址，出土文物均反映出相同的文化特征。仰韶时期人们过着定居生活，拥有一定规模和布局的村落，原始农业为主的经济形式，同时兼营畜牧、渔猎和采集。主要生产工具以比较发达的磨制石器为主，常见的有刀、斧、锛、凿、箭头、纺织用的石纺轮等，玉文化和原始农业文化在仰韶时期完美地融合在一起。

仰韶文化 鹰鼎

翡翠 鹰尊（魏玉忠 魏鹏跃）

32×28×12cm

艺术点评

作品为翡翠三色料精雕细刻而成，福、禄、寿三色内蕴其中，十分养眼。整体形态厚重大气，规整有序，与青铜器章法一致，仿古而不失义理，在仿古的基础上加以创新，为业内人士所称道。

六、红山玉（石）文化和原始农耕文化的融合

红山玉（石）文化因最早发现于内蒙古自治区赤峰东部的红山遗址而命名，年代约为公元前4000年至公元前3000年，主要范围是以辽河流域中辽河支流西拉沐沦河、老哈河、大凌河为中心，主要遗存有新石器时代细石器文化。

翡翠 家园（姚丛伟）

17×11×10cm

艺术点评

远古红山文化时期的一切都应该是红色的，红色的山峰，红色的农舍，红色的庄稼，红色的家禽。而翡翠作品《家园》却是现代玉雕大师设计制作的，作品大胆利用了翡翠原石优质的翡色的皮，制作了家园的屋顶、农具、粮食、家禽等，一切都是火辣辣、光灿灿的。在皮层较薄的区域，又剔除表皮，把清亮柔润的白色玉质做成门窗等，几只家禽是作品出彩之笔，既是点缀，又是照应，使作品充满了红与白、动与静的鲜明对比，动感强烈。

传说内蒙古赤峰的红山，原名叫“九女山”。远古时，有九个仙女不小心打翻了胭脂盒，胭脂洒在了山上，因而出现了九个红色的山峰。蒙元时代，蒙古族人叫它为“乌兰哈达”，汉语译为“红色的山峰”，所以后来叫“红山”。红山文化不仅细石器工具发达，出土了双孔石刀、石耜、肩石锄、石磨盘、石磨棒和石镞等，极大地提高了原始农业的生产力，对红山文化时期农业的发展起到了极大的促进作用，而且出土了震惊世界的中国第一龙——C型龙和玉猪龙。中国古文献记载的黄帝图腾（熊、龙、鱼、云、鸟等），均有红山文化玉器与之对应。此外，还有玉龟、玉鸟、兽形玉、勾云形玉佩、箍形器、棒形玉等大量精美、极具神韵的玉器出土。

红山文化是与中原仰韶文化同时期分布在辽河流域的发达文明，在发展中同中原仰韶文化相交汇，是原始农业文化时期富有生机和创造力的优秀文化，内涵十分丰富。

红山文化 神面形佩

艺术点评

神面形佩是红山文化标志性玉器之一，高11厘米、宽4.7厘米，现收藏于中国国家博物馆。神面形佩双面纹饰，正中用粗线刻神面纹，内凹式圆眼，五组长齿，左右两端卷曲成勾云形角状，顶部钻有三孔。

七、大汶口玉（石）文化和原始农耕文化的融合

大汶口文化于1959年首次发现在相邻乡镇的磁窑镇，后来为了方便记忆就用了大汶口镇的名字，年代大约公元前4300年至公元前2500年，考定为新石器时代晚期的遗存，分布范围是以泰山地区为中心，东起黄海之滨，西到鲁西平原东部，北至渤海南岸，南及安徽的淮北一带，河南省也有少部分这类遗存的发现。

大汶口文化遗址内涵丰富，有墓葬、房址、窑址等，是以农业经济为主，主要是种植粟，居民饲养猪、狗等家畜，也从事渔猎和采集。生产工具有石制的斧、铲、刀、镞，已大量使用磨砺精良的穿孔斧、刀、铲等，收割工具还有镰和蚌镰，加工谷物的工具则是石杵和石磨盘、石磨棒，中晚期出现了肩

翡翠 斗趣（赵玉谦 徐建伟）
13×11×6cm

石铲、石镐等。在饰品件出土的有鸡骨白玉饰、玉面人、叶腊石串饰等。在三里河遗址的一个窑穴中出土了一平方米的朽粟，说明粮食生产已有相当可观的数量。各遗址出土有猪、狗、牛、鸡等家畜的骨骼，用猪随葬占三分之一以上，胶县三里河一座墓中随葬猪下鄂骨达32个，在兖州王遗址出土了20余个扬子鳄的残骸，在不少男子墓葬中还发现有石铲、石斧、石锛等，在女子墓葬中发现了纺轮等，这说明男子已成为社会生产，特别是农业生产的主要担当者，而妇女则从事纺织等家内劳动，社会已经从母系氏族公社发展到父系氏族公社阶段了。同时，也可以看到玉石工具在当时农业生产中所起到的举足轻重的作用。

大汶口文化 双孔璧局部

艺术点评

看了大汶口文化时期的双孔璧和现代的翡翠作品《斗趣》，给人的感觉都是两个字：震撼。究其原因：大汶口文化时期的《双孔璧》虽然只有两个孔，但先人们在生产力落后的情况下，没有铜砣，更没有电动工具，仅靠一双手，就制作出这么精美的玉器，让人震撼；而现代翡翠作品《斗趣》虽然有了电动工具，但要在一块硬度很大的翡翠原石上镂空雕琢出这么多孔来，且作者充分利用翡翠的天然色彩，随形随色构图赋形，还雕琢了蝈蝈等，使之生动传神、情趣盎然，这样的作品让人拍案叫绝，同样让人感到震撼。两件作品虽然所处的时代不同，文化背景不同，工艺的水平也不同，但玉文化的内涵是相同的，所表现出的艺术魅力是永恒的。

八、良渚玉（石）文化和原始农耕文化的融合

良渚文化因1936年在浙江省良渚发现而命名，年代大约在公元前5300年至公元前4200年，属于中国新石器文化遗址之一，以浙江良渚为中心，分布在长江下游的太湖地区。

良渚文化发展为石器时期、玉器时期、陶器时期。玉器是良渚先民所创造的物质文化和精神文化的精髓。良渚文化玉器达到了中国史前文化之高峰，其数量之众多、品种之丰富、雕琢之精湛，在同时期中国乃至环太平洋拥有玉传统的部族中，独占鳌头。而其深涵的历史文化底蕴，更给世人带来了无限的遐想。文字是文明社会一个重要标志，在良渚文化的一些玉器、陶器上已出现了为数不多的单个或成组具有表意功能的刻划符号，学者们称之为“原始文字”，誉为“文明的曙光”。

良渚文化的制造业，承袭了马家浜文化的传统，并汲取了北方大汶口文化和东方薛家岗文化各氏族的经验，从而使玉器制造技术达到了当时最先进的水平，出土的玉器有璧、环、琮、钺、璜、镯、带钩、柱状器、锥形佩饰、镶插饰件、圆牌形饰件、各种冠饰、杖端饰等，还有鱼、龟、蝉和多瓣状饰件组成的穿缀饰件，由管、珠、坠组成的挂饰品，以及各类玉珠组成的镶嵌饰件等等。工艺采用了阴线刻和减地法浅浮雕、半圆雕以及通体透雕等多种技法。图案的刻工非常精细，即使在有现代电动工具和发达科学技能的今天也达不到这个水准，真让人百思不得其解。由此可见当时使用的刻刀相当锋锐，工匠的技术也相当熟练，已完全掌握了选择和切割石料、琢打成坯、雕琢、钻孔、磨光等一套技术。此外，在瑶山的一座墓中还出土了玉匕和玉匙，是良渚文化首次见到的珍贵餐具。

白玉 如意（赵国安）
28×6×7cm

翡翠 鼎（魏玉忠）

43×33×26cm

艺术点评

作品汲取了青铜器司母戊鼎的灵魂神韵和纹饰造型，器形规整严谨，肃穆中透射出玉的温润和灵气，折射出远古玉文化的元素和气息。

在中国玉器的纹饰中，饕餮纹最早出现在距今五千年前长江下游地区的良渚文化玉器上和二里头、夏文化中的青铜器上，尤其是鼎上。商周两代的饕餮纹类别特别多，两周时代其神秘色彩逐渐减退。饕餮是一种想象中的神秘怪兽，是东海龙王的第五个儿子。《吕氏春秋·先识》："周鼎著饕餮，有首无身，食人未咽，害及其身，以人言报是也"。饕餮纹有的像龙、像虎、像羊、像牛、像鹿，还有的像鸟、像凤、像人。饕餮纹这种名称并不是古代就有，而是金石学兴起时，由宋人起的名。最完美的饕餮纹面具高21厘米，现藏于美国西雅图图书馆。

饕餮纹的图案庄严、凝重而神秘。饕餮纹一般以动物的面目形象出现，具有虫、鱼、鸟、兽等动物的特征，由目纹、鼻纹、眉纹、耳纹、口纹、角纹几个部分组成，是青铜器装饰图案的最高水平，有些图案至今人们仍无法解释其含义，这也是玉器作品的疑惑之美。

饕餮纹图案绘制的原则是：静中求变，避免重复。一般器物上有不同的几种图案。饕餮纹与宗教文化（祭祀的器皿）、酒文化（盛酒的尊）、建筑文化（饕餮纹半瓦当）、音乐文化（编钟）等密切相关。饕餮纹文化在中国产生的历史渊源久远，属于中国玉文化的一个组成部分，其文化影响在中国古代、现代乃至世界都十分深远。

在玉（石）器生产工具的推动下，良渚文化的原始农业文化得到了很大的提升，其标志是新的耕作方法和生产技术的发明与推广。犁耕是良渚文化农业耕作的主要方式，在许多遗址中都发现了当时使用的石犁，仅钱山漾遗址出土的石犁就有百条（件）。石犁有两种形制：一种平面呈三角形，刃在两腰，中间穿一孔或数孔，往往呈竖直排列，可以安装在木制犁床上，用以耕水田；另一种也近似三角形，刃部在下，后端有一斜把，可能是开沟挖渠的先进工具，故又称"开沟犁"。这两种石犁都是良渚人发明的新农具，对促进农业生产的迅速发展起着重大的作用。同以前的耜耕生产相比，犁耕不仅可以节省劳力，提高工效，更好地改变土壤结构，充分利用地力，而且也为条播和中耕除草技术的产生提供了条件，也可以使荒地得到更大面积的开发而变成耕地，农业生产水平因此能够提高到一个新的阶段。在良渚文化的大批石器中，还有一种形制特殊的器物，它两翼后掠，弧刃，背部中央突出一个榫头，其上常穿一圆孔，形制同后来这一地区使用的铁制耕田器十分相似，被认为是古代最早出现的稻田中耕除草的农具。中耕除草技术的出现，同犁耕有密切的关系，因为犁耕操作直线进行，播种也随之成直线挖土下播，于是为先进的条播技术创造了条件，同时也为中耕除草提供了方便。从耜耕农业发展到犁耕农业，是中国古代农业发展史上一次重大变革，是玉文化与原始农业文化完美结合的典范，为夏代以后的农业发展奠定了坚实的基础。

商代 玉蛙

艺术点评

商代玉蛙，长3厘米、宽5.4厘米、厚0.61厘米，现收藏于中国国家博物馆。玉蛙最早见于良渚文化，有的学者认为蛙象征多子多孙，先民们用以祈求繁衍生息。也有学者认为，蛙与原始的农耕文化有关，被用于祈雨祷水。此器为片雕，左右对称。蛙肢外伸，后肢内屈，可称之为“宽头、方目、肥身、短尾”，蛙的背部以双线刻对称云纹。此件玉蛙尚存有未退化的尾部，处于由蝌蚪向成蛙转变的过程，以此为佩可能具有祈求新生的含义。玉蛙的双目间有一圆孔，可用于系佩。

九、龙山玉（石）文化和原始农耕文化的融合

龙山文化因1928年首次发现于山东历城龙山镇（今属章丘）而得名，距今约4350年至3950年，分布于黄河中下游的山东、河南、山西、陕西等省，是汉族的先民居住的范围，据先秦文献记载和传说，与夏、商、周立都范围大致相同，汉族的远古先民大体以西起陇山、东至泰山的黄河中、下游为活动地区，主要分布在这一地区的仰韶文化和龙山文化这两个类型的新石器文化，一般认为即汉族远古先民的文化遗存。龙山文化处于中国新石器时代晚期，生产工具的数量及种类均大为增长，对原始农业的发展起到了相当大的促进作用，且当时已进入父权制社会，私有财产已经出现，开始跨入阶级社会门槛。

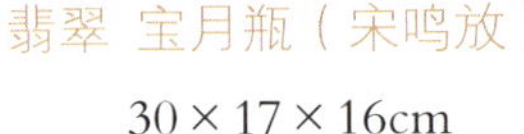

翡翠 宝月瓶（宋鸣放）

30×17×16cm

白玉 双耳瓶（张春明）

20×9×7cm

艺术点评

中国玉石雕刻大师宋鸣放和张春明，都是海派大师群中的青年主力军和佼佼者，都擅长白玉、翡翠器皿件的设计制作，且两人相识已久，私交甚笃，在玉器设计制作上相互补充。这件翡翠宝月瓶是宋大师的佳作，在敦厚中显示出挺拔，纹饰考究而精细，完美地实现了圆、简、繁、面、点的和谐统一。而白玉双耳瓶是张大师的精品，器型修长，比例协调，刀法雅静朴茂，纹饰繁复精美，在文静中折射出雅趣和文化内涵，显示出两位大师把握大局的能力和对细微之处的严谨，都是可以传世的佳作。

中国的原始农耕文化与玉文化同生共融，对中华民族早期文化的形成起到重要奠基作用。主要有三个特征：

1. 时间久远。纵观中国的史前文化，始自50万年前的北京猿人和河南南召猿人，旧石器早中晚三期没有缺环。其中，裴李岗文化的石磨盘、石磨棒等诸多的玉文化遗存被称为中国20世纪百项考古大发现之一。良渚文化的玉器独占鳌头，玉器、陶器上具有表意功能的刻字符号，被学者们称之为“原始文字”，誉为“文明的曙光”。良渚文化玉（石）制作的犁耕，是古代农业文化的伟大变革，在中国远古拓荒史上和原始农业发展史上，如同封建社会的铁犁和现代的拖拉机一样，有着划时代的伟大意义和不可磨灭的历史贡献。

艺术点评

三牙璧为龙山文化玉器，直径9.5厘米，现收藏于中国国家博物馆。

龙山文化 三牙璧

在山西襄汾陶寺遗址不仅有“王墓”朱书文字，而且有城墙、宫殿、祭祀区、仓储区，更重要的还有中国最早的“观象台”、高规格的宫殿建筑、宗教建筑与天文历法的建筑设施，这些都是文明社会的要素。

原始农业文化和新旧石器时期的玉文化，共同支撑起了中华民族早期文明的一片天地，犹如一截文明萌动的火种，一段辉煌征程的印证，它向人们述说人类文明的跋涉，向千秋万代昭示我们祖先的史迹。当我们站在8000年后的今天，回望中国史前的天空，会清晰地发现：裴李岗文化、红山文化、良渚文化、大汶口文化等诸多原始农耕文化和新旧石器时期的玉文化携带一种恢宏之气，向周边扩散、辐射与延展。正是这些文化的积淀、辐射与延展，最终催生出彪炳于世的中华早期文明。

2. 内涵丰富。《尚书·尧典》记载：尧命令羲根据日月星辰的运行情况制定历法，然后颁布天下，使农业生产有所依循；并且派四个天文官到各地去观测日出、日落的太阳运动轨迹，来制定节气。在原始农业时期，先民们使用石具或玉具，长期劳作，繁衍生息，不断发展、总结、改进，并不断汲取其他诸多文化因素，最终催生出原始农业文化。其核心，是古代天、地、人“三才”理论在实践中的指导和运用，并表现为中国农业特色的二十四节气、地力常新和精耕细作，这三者便是对应于天、地、人的“三才”思想的

龙山文化　玉器
现藏于大英博物馆

翡翠 牧牛图（赵玉谦）

艺术点评

作品玉质上佳，质美色鲜水足，作者充分利用俏色和镂空技能，匠心独运，将翡色做成金黄的秋色，两个牧童骑在牛背上交流着什么，一幅充满乡情的牧牛图呈现在世人面前，不仅给人以无限广阔的联想空间，且让人们穿越时空仿佛看到了远古时期牧牛的场景，让人浮想联翩。

产物。战国时期吕不韦所著《吕氏春秋》中的《上农》、《任地》、《辨土》和《审时》四篇，是融通天、地、人“三才”的相互关系而展开论述的。西汉《氾胜之书》说“凡耕之本，在于趋时、和土、务粪泽”，可作技术看，也可视为“三才”的具体化。

白玉 对壶（丁显甫）
18×16×12cm（对）

3. 影响重大。中国原始农业发生和发展的过程，也就是新旧石器时期玉（石）器应用于原始农业的过程，也是农业中有关哲学和政治思想产生时期，更是新旧石器时期玉文化的萌发时期。孔子、墨子、商鞅等人的重农思想，孔子、老子、韩非等人的民本思想，孔子等人的“玉德”观念，以及其他思想如务农、安土乐天、崇上尊老等，都是新旧时期玉文化与中国原始农耕文化相互交融的产物，尔后出现的生产组织与生活方式，都深刻影响了中国远古文化的发展，今天仍有积极意义。

白玉 古韵（刘国皓）
12×6×2.5cm

艺术点评

玉质细腻温润，洁白纯净。作者根据玉质的形状，巧妙施艺，将上面半圆部分雕刻成一个玉龙，刀工老成简练，一气呵成；将下面长方形部分雕刻成半个玉璧，玉璧上面均匀的布满了谷纹，粒粒饱满。作者用现代的雕刻手法与古代深厚的文化内涵相结合，雕刻出了一块仿古龙璧牌，充满了古代玉文化的气息，耐人寻味。

龙山文化 环形佩

艺术点评

此环形玉佩为龙山文化玉器，直径9.5厘米、内径5.5厘米，出土于山东五蓬丹土，现收藏于中国国家博物馆。

玉文化与神龙文化

白玉 龙纹瓶（张春风）

23×13×5cm

艺术点评

作品玉质细腻均匀，温润洁白，色彩均匀无杂色，造型优美，比例协调，稳重大气，亭亭玉立，瓶身流畅清雅，双耳精巧灵透，工艺十分娴熟，尽显东方艺术之美。

中华民族五千年的灿烂文化史，始终是以玉文化为源头活水、以玉文化为主脉络的历史。而在中国近万年的玉文化中，神龙文化是其主要的文化元素和重要组成部分。龙的演变历史非常悠久，早在8000年前新石器时代的前红山文化时期就有了用红褐色石块堆起的长20米、宽2米的堆塑龙。在距今6500年前的河南濮阳古墓中，出土过用白色蚌壳拼摆的塑龙图案。始于距今约5000年前新石器时代的红山文化时期，就出土了“中华第一龙”。此后经过历史不断的延绵发展，其发展工艺演变的历史，可以称得上是中国玉文化发展史的缩影。我们中华民族是龙的传人，中国是龙的国度，从伊始的新石器龙图腾，到红山文化“中华第一龙”的横空出世，到玉猪龙的发现，到战国龙形玉佩的出

白玉 九五至尊（仵子辉）

9.3×4.5×4.5cm（一套）

艺术点评

在周易六十四卦中，第一卦乾卦九五爻辞“飞龙在天，利见大人”，被解释为天子之占。后来就把帝王称作“九五”之尊，象征至高无上的权威。作品采用羊脂玉精雕三尊玉印，制作精良、章法严谨、笔势圆转，笔画平正而不乏灵动之感。配以瑞兽印纽，彰显帝王尊贵之威严。

土，到清代龙玺系列强大阵容的推出，再到2008年奥运龙玺的问世，神龙文化最终形成。是这些重要的神龙文化元素和其他神龙文化元素一起，共同支撑起中国神龙文化的一片天地，演绎了中国玉文化的发展历史。

一、龙的图腾——玉文化的源头

根据古文献记载，在古代的图腾主要有：

1. 熊：《史记》说：“黄帝为有熊”。班固编著的《白虎通义》也说：“黄帝有天下，号曰有熊”。

2. 龟：《国语》说：“我姬氏出自天鼋”。郭沫若先生认为黄帝的图腾为天鼋，即神龟。在红山文化牛河梁遗址多次出土神龟玉器和玉龟壳，在安阳殷墟妇好墓中第一次发现了俏色玉龟。龟可能是当时氏族部落集团的图腾崇拜物或保护神。

3. 云：在红山文化、仰韶文化、良渚文化的玉器上，都有勾云纹。

4. 鸟：《国语》记载，黄帝之子十二姓中，有“人面鸟身者”，可能以鸟为图腾。在红山文化牛河梁遗址和“玉雕之乡”——河南镇平灰土坡仰韶文化遗址中，均出土有鸟的图腾标志。

独山玉 龙腾盛世（刘晓波 郑晓）
69×48×23cm

艺术点评

作品以小见大，气势磅礴，以雄壮巍峨的崇山峻岭为背景，将前面的紫、白、黄等色雕刻成华表、祥云、牡丹花和五条相互盘绕、凌空腾飞的中华龙，不仅增加了作品的厚重感，而且寓意中华民族的腾飞，社会的昌盛，给人以精神的激励。

5. 猫头鹰：猫头鹰可能是红山文化的主要图腾崇拜物。据统计，玉猫头鹰在红山文化出土数量最多，最大的达到十几厘米高，姿态各异，有仿真的，也有抽象的，同其他动物的组合也是千变万化。红山文化时期，人们恐惧黑暗，希望在黑暗中得到光明或看到一切；人们经常遭到野兽的攻击，希望能够像鸟儿一样飞翔起来，以避免受到伤害；人们过着农牧渔猎生活，又希望像雄鹰一样轻易地捕捉到猎物。而猫头鹰具备这一切优势，猫头鹰是辽西地区存在的猛禽，黑夜活动，可以飞向天空，又给人以通达天地阴阳的神秘感。所以，红山文化时期先民们寄希望于猫头鹰能够给予自身与自然界抗争的神奇力量。这样，猫头鹰成为红山文化时期先民们的图腾崇拜应该是一种必然。

6. 蛇：中国传统中有“伏羲鳞身，女娲蛇躯”的说法。1983年，在河南光山宝相寺黄君孟墓出土了春秋时期的青玉人首蛇身玉器，环形，外径3.8厘米，两件成对。一件为两面阴线刻，另一件一面呈阳线刻，束发鳞身，体态略有区别。与中国传统的“伏羲鳞身，女娲蛇躯”之阴阳说相合，应一为男性，一为女性。

白玉 龙吟盛世（刘国皓）

12.5×8×1.9cm

艺术点评

作品玉质白润，是一块货真价实的和田籽料。作品构思巧妙，工艺十分精湛，浅浮雕的祥龙图案充满了庄重神秘之感，而天然的红皮色加上张力十足的表现手法也使作品动感强烈，充分展示了中国古典玉文化元素的独特魅力。作者因材施艺，用玉料形态之优美，行简约雕刻之技能，最大限度地保持原石的原始形态，不仅显示出作者深厚的功力，也是当今流行的新技法，值得业界同仁的借鉴。

白玉 凤舞九天（辛克敌）

9×5×4cm

艺术点评

作品皮色艳丽，作者依色施艺，把红皮雕刻成一只展翅飞翔的“火凤凰”，让人联想到凤凰涅槃的神话故事，使人对美好生活充满了憧憬。

7. 龙：龙是智慧、勇敢、吉祥、尊贵的象征，也是中华民族精神的象征，它的身上寄托了力量、希望和中国人对美好生活的憧憬。同任何一种“神圣之物”一样，龙的形象也来源于先民对于“图腾”的崇拜。被称为人文始祖的太昊伏羲就在河南周口淮阳一带“以龙师而龙名”，首创龙图腾，实现了上古时期的各个部族的第一次大融合。被称为又一人文始祖的黄帝在统一黄河流域各部落之后，为凝聚各部落的思想和精神，在今新郑一带也用龙作为部落的图腾。

独山玉 和谐盛世（李建设）

10 × 10 × 22cm

在中国玉文化历史上，不同区域、不同民族、不同文化有诸多的图腾，哪个图腾能够成为共同的图腾呢？从文献上看，一是龙，二是凤。从出土玉器的实物上看也是如此：以蛇为原型的龙，以猫头鹰为原型的凤，组成了玉龙、玉凤系列。最终由于黄帝统一了天下，便以“龙”的图腾作为中华民族共同的图腾。中华民族的形成过程是一个融合的过程，龙始终参与、伴随、见证、标志了这个过程，应该说龙是中华各部落、各民族图腾崇拜的融合体，它融鹿角、兔眼、蛇颈、蜃腹、鲤鳞、鹰爪、虎掌、牛耳而合为龙，这些又都是被融合动物的力量或特长的亮点。虚拟而融合的龙，也就有了上天入地、呼风唤雨、神通广大、变化无穷的特性：冲天而翔，可高凌九天之云雾；乘风而下，可蛰潜湖海之深渊。从龙的这一特性上说，能说龙不是中华各民族融合凝聚、团结、包容和力量的精神象征吗？于是在那遥远的古代，龙就成了中华民族的崇拜。中华儿女大部分认同自己是人文意义上龙的传人。可以说，龙是中国文化中最本质、最重要、最需要传承和弘扬的部分，它是中华民族的文化标志和情感纽带。龙在中国文化里的重要地位，已经渗透到每个人的血脉之中。龙是中国的象征，它的品格与内涵，早已在悄无声息的文化认同与民族认同中成了每一个中国人的天然图腾。在几千年浩瀚的历史过程中，龙成了我们每一个人天生就能亲近的一种文化，它代表了中华民族的核心精神和文化根基。对龙的尊崇，早已浸润了中国社会的各个方面，成为一种共同的民族文化心理。我们今天的中国人被称为“炎黄子孙”和“龙的传人”就是由此而来。在人们心目中，龙被神化了，被称为“神龙”。后世的帝王也借龙来神化自己，龙在中国人心目中至高无上的地位由此确立。

翡翠 凤尊（魏玉忠）

20×15×9cm

艺术点评

仿古凤尊是根据商代及两周前期以鸟、兽的变形体态和器物浑为一体的饮酒具造型设计制作的，以百鸟之王“凤”做基础造型，加上作品纹饰有蕉叶饕餮纹等古老纹饰，使作品的古朴典雅之感大增。另外，作品的玉质优美，水头十足，十分养眼。

独山玉 龙凤尊（吴元全 作孟超）
31×21×15cm

艺术点评

作品采用独山玉老坑料精雕而成，不仅运用了浮雕、镂空、线刻等多种技法，且繁复而不失高雅，古朴庄重而不失精美，形制大气，端庄沉稳，极具楚汉神韵。

二、中华第一龙——C型龙

1971年，在内蒙古赤峰市红山文化遗址，出土了“C”型龙，后被称之为“中华第一龙”，赤峰市也因此被誉为“中华玉龙之乡”，虽然此后我们又发现了更早的龙形踪迹，但红山文化玉龙的典型意义仍不容置疑。中华民族以“龙的传人”自居，龙的起源同我们民族历史文化的形成和文明时代的肇始紧

红山文化 “中华第一龙”

密相关。

红山玉龙的具体用途尚有待进一步探讨，不过龙体背正中有一小穿孔，经试验若穿绳悬起，龙首尾恰在同一水平线上。显然，孔的位置是经过精密计算的。考虑到玉龙形体硕大，且造型特殊，因而它不只是一般的饰件，很可能是同中国原始宗教崇拜密切相关的礼制用具。

艺术点评

红山文化玉龙高26厘米，1971年出土于内蒙古翁牛特旗三星塔拉，现收藏于中国国家博物馆。玉龙由墨绿色的岫岩玉雕琢而成，周身光洁，有“中华第一龙”的美誉。红山玉龙龙首较小、呈勾曲形，口闭吻长，鼻端前突，上翘起棱，有并排两个鼻孔，颈上有长毛，尾部尖收而上卷，形体酷似甲骨文中的“龙”字。玉龙墨绿色，体卷曲，平面形状如一“C”字，龙体横截面为椭圆形，直径2.3~2.9厘米。龙眼突起呈棱形，前面圆而起棱，眼尾细长上翘。颈背有一长鬃，弯曲上卷，长21厘米，占龙体三分之一以上。鬃扁薄，并磨出不显著的浅凹槽，边缘打磨锐利。龙身大部光素无纹，只在额及颚底刻以细密的方格网状纹，网格突起作规整的小菱形。玉龙以一整块玉料圆雕而成，细部还运用了浮雕、浅浮雕等手法，这都表明了当时琢玉工艺的发展水平。红山玉龙造型独特，工艺精湛，圆润流利，生气勃勃。玉龙身上负载的神秘意味，更为它平添一层美感。值得注意的是，玉龙形象带有浓重的幻想色彩，已经显示出成熟龙形的诸多因素。

此外，在全国其他玉文化遗址，也发现了诸多新石器时代的玉龙，造型各异，大小不同，质地也不尽相同，但有一点可以肯定，那就是玉龙的形态较为抽象，这是新石器时期玉龙的基本特征。如河南省三门峡虢国墓也出土了新石器时期的玉龙，河南南阳也出土了春秋晚期的玉龙。

三、玉猪龙

玉猪龙并非龙而是猪。在大约4000年前的红山文化时期，当时人们已经完成了对猪的豢养，因此将猪的形状做成佩件。之所以称为龙是因为在最初发现时，考古学家出于某种原因将其误认为龙，红山文化这只玉猪被称为“中华第一龙”。后来清楚了玉龙原来是猪，然而为时已晚，它的形象在社会上已经广为传播。为了不挫伤人们的民族自豪感，便将这头玉猪命名为玉猪龙，既体现了它的本质，又可以混淆概念，虽是头猪，却是头龙猪。

红山文化玉猪龙

艺术点评

红山文化玉猪龙，新时代时期红山文化遗物，高7.2厘米、宽5.2厘米，佩饰，材质为岫岩软玉，辽宁省凌源丰河梁出土。现收藏于中国国家博物馆。

西周 玉猪龙

艺术点评

河南省三门峡市虢国墓地出土的玉猪龙，西周时期，直径为2.6厘米、厚1.4厘米，青玉，乳白色，玉质温润，整体弯曲成环形，头部似猪龙，方形目，吻部前伸。器物中央有一个钻成的圆孔，孔内还残存纺织品和朱砂，现收藏于河南省三门峡市虢国博物馆。

四、龙形玉佩

提到神龙文化，就不可能不说龙形玉佩。从最初龙图腾的朦胧，到红山文化中华第一龙的抽象，到战国龙形玉佩的威猛，再到清代龙形玉佩的精美，只有战国龙形玉佩的制作工艺水平最高。战国龙形玉佩，其数量之多、造型之美、雕琢之精，可谓历史之冠，尤其难能可贵的是，战国龙形玉佩达到了形似和神似的完美统一，是古代玉龙制作工艺的一个高峰。

商代 玉龙

艺术点评

此商代玉龙高5.1厘米、长7.5厘米，1976年出土于河南殷墟妇好墓，为商代的装饰品，现收藏于中国国家博物馆。龙是商代造型艺术中最重要的母题，常见于青铜器、玉器等装饰品中，仅妇好墓出土就有九件玉龙。此玉龙玉质呈墨绿色，间有褐色沁斑，圆雕，龙首微昂，双耳后伏，“臣”字状目，眼珠突起，鼻印微凸，张口露齿。龙身于右侧盘曲，尾尖内卷，两短足前屈，各有四趾，中脊饰扉棱，身尾饰双线阴勾菱形纹、鳞纹，足外侧饰云纹，这些样式化的纹饰，既反映了商代艺术品的成熟，又是对商代龙文化的诠释。

五、龙玺（宝玺）

《春秋运斗枢》说：印章古称玺、印、宝、章、押等，为主人征信所用。在传统文化里，印章与人是等同而视之的，印章是表明主人身份的确信物。因而，印也就与人的诚实不二、一言九鼎联系起来，与君子的高洁品格联系起来，与一定的身份地位联系起来。玉印、汉印、封泥等等，在士子对理想社会、理想人格的论说中被世人铭记，显示出或古朴、或稚拙、或雅洁、或整饬的艺术风格。秦并天下，始以和氏璧作印，但笔者以为，和氏璧可能是玉璞而不是玉璧，如是玉璧改作印的可信度极低。主要原因是，其已经为玉璧，再改做玉印的可能性不大，璧的厚度大家知道，如何改作玉印，难以想象。

据文献记载，中国的“宝玺”始自秦始皇嬴政。玺者，印也，是皇帝的印章。秦朝设立制度，只有皇帝的印才能称为玺或皇玺，设立玺，皆方寸，印文用小篆，以纽、绶排定等级。《史记》有载：“玺者，印信也”。又云：“秦以前，民皆以金玉为印……秦以来，天子独以印称玺，又独以玉，群臣莫敢用。”皇帝的印章也有公章、私章之分。宝玺属于公章，凡是皇帝代表国家发布各种诏书及文告时，皆钤盖宝玺。国家以下各级的公章的规格尺寸以次递减，不能逾制。之后，“百代皆行秦政事”。此后，历朝历代，或是传承或是重刻，直至清亡都是如此。现代的玉印章几乎成了装饰品，玉印的纽随意雕刻，或龙，或虎，或蟾。玉印的尺寸规格大得惊人，有的一尺有余，有的高达二尺多。私人印章即使是玉制的，使用功能也逐渐消失，用个人身份证和个人签名代替了印章。即使是皇帝的宝玺，也可成为艺术品进行拍卖。2011年12月7日，北京保利公司在北京举办的秋拍古董珍玩会上，清乾隆六十年白玉御题诗“太上皇帝”圆玺，以1.61亿元成交，刷新御制玉玺和白玉拍卖的世界纪录。

清代 乾隆白玉宝玺

秦始皇创立的宝玺制度被汉高祖刘邦全部继承下来，形成了后来所谓的“秦汉八玺制”。这一制度贯穿了整个魏、晋、南北朝和隋，他们不仅继承了秦汉的“八玺制”，而且连规格、名称、纽式、文字都几乎一样。到唐朝武则天称帝时，独出心裁地增加了一方“皇天景命有德者昌”神玺，将八玺制改为九玺制，同时又改“玺”为“宝”，此后各朝都随之称为“宝”。北宋时增至十二宝，南宋又增至十七宝，明朝更是突飞猛进增至二十四宝，清朝除交泰殿二十五日日常使用外，还供奉着“盛京十宝”。

宝玺在数量上随着各朝代的更替而不断增多，体积也不断加大。秦汉时，方一寸二到四寸不等；唐朝，方二寸到四寸不等；到明、清时则增加到方二寸九到五寸九不等，较大者有宋朝“宝命宝”，印面九寸见方，而明朝建文帝的“凝命神宝”，印面达到一尺六寸九分见方，可谓硕大无比。历代宝玺的材质绝大多数是玉料，且多是和田玉，仅有几方是金质和檀木。这与中国人自古以来信奉孔子“君子比德于玉”的“德玉”思想有直接的关系。宝玺纽式则为清一色的龙纽，只是龙的形态各朝代不尽相同，从秦汉的螭兽（小龙）纽，到以后的螭虎纽，而螭龙纽的叫法是唐太宗因避祖父李虎讳而改称，宋朝以后则干脆称龙纽了。

清代的宝玺保存相对完整，明代以前则完全没有实物可参看，只能从一些史书中看到零星的记载。现在藏玺最多的为北京故宫博物院，台北“故宫博物院”也有相当数量的藏品。私人收藏大多在国外，国内市场极为少见，尤以法国为多，其中的原委与1860年八国联军入侵中国有关。清代入关以前，清太祖努尔哈赤有一方玺印，是明朝皇帝所赐满州建州卫的印。他的儿子皇太极有两方老满文刻的金印，现在有实物。顺治帝的印章大约是20方，康熙帝的玺印有120方左右，玉质、木质、石质等各种质地均有，而且雕刻较精。雍正帝的玺印稍多一些，大约有204方，其材质90%是当时比较流行的石材——寿山石，都很朴素。

乾隆玺印最多，在历代帝王中无人能及，共刻制1800余方宝玺，比整个清代其他所有皇帝的玺印总和还多，其材质也是多种多样，玉、石、水晶、玛瑙、文竹、蜜蜡，以及铜等，但还是以常用的印章石和田玉占绝大多数。

嘉庆的玺大致500方，其中一部分是乾隆帝的闲章，嘉庆继续使用。还有少部分是他自己的，大致有400多方，以玉印最多。

道光的玺很少，大量用乾隆、嘉庆的印，真正自己做的印不到100方。咸丰更少，30方左右。同治20多方。光绪将近80方。慈禧是清后期制作玺印最多的，将近有400方，而且印章的雕刻形态、组合等方面颇像乾隆。宣统的玺印有50方左右。

清代 乾隆御笔白玉玺

清代 嘉庆翡翠双面宝玺

清代 乾隆御笔白玉玺

清代 乾隆御笔白玉玺（底部）

六、龙形玉觿（解绳器）

说到神龙文化和玉文化的融合，就不能不说一种特殊的玉器，那就是龙形玉觿。觿，古代解结的用具，《说文》曰：“觿，佩角，锐端可以解（绳）结。”也可以作为佩饰，《诗·卫风·芄兰》曰：“芄兰之龙，童子佩觿”。当初古人用兽骨和兽牙制作，是一种角形器，随时带在身上用以解绳结，是一种实用器。后来以玉仿之，形制也变得越来越大，纹饰也更为精美。作为佩玉，西汉时已逐渐失去解结的功能。同时，鉴于觿原有解结功能，佩带玉觿被认为具有解决困难的能力，是一个人聪颖智慧的表现。

龙形玉觿

艺术点评

此玉觿体呈角形片状，长9厘米、龙骨宽2.1厘米、厚0.5厘米，和田青玉，局部有褐色沁痕。镂雕回首龙，龙体弯曲呈“S”形，张口，下颌呈钺形，颈部外缘有一穿孔，可供佩戴。龙体周围环绕着卷云纹，龙身满饰阴线刻“冰纹”、“二字纹”和“柳叶纹”。尾部出尖如锥形。两面雕，纹饰相同，出土于内缩。

七、2008北京奥运会会徽——“舞动的北京”

“北京奥运徽宝”——珍藏版《奥运龙玺》中国印由北京奥组委特许授权制作发行，以“北京奥运徽宝”为设计蓝本，选材采用天然碧玉，用纯手工精制而成。龙玺印面有北京2008年奥运会徽“中国印·舞动的北京”，章台正面及侧面分别有北京奥运会会徽及产品的唯一编号。龙玺通高8厘米，龙印纽长5.6厘米，印面边长6×6厘米，龙印绶带总长29厘米，宝玺四周雕刻天坛、长城、世纪坛和鸟巢场景图案。“舞动的北京”是一方中国之印，由三个组成部分：①像一个人的“京”字中国印；②汉语拼音“Beijing”和2008字样，指2008年北京奥运会；③奥运五环，奥林匹克精神的象征。

“舞动的北京”是中华民族图腾的延展。奔跑的“人”形，代表着生命的美丽与灿烂。优美的曲线，像龙的蜿蜒身躯，讲述着一种文明的过去和未来；它像河流，承载着悠久的岁月与民族的荣耀；它像血脉，涌动着生命的活力。“舞动的北京”是一种形象，展现着中华民族所呈现出的东方思想和民族气韵；它是一种表情，传递着华夏文明所独具的人文特质和优雅品格。借中国书法之灵感，将北京的“京”字演化为舞动的人体，在挥毫间体现“新奥运”的理念。在它的舞动中，“以运动员为中心”和“以人为本”的体育内涵被艺术地解析和升华。同时，“京”字又巧妙地演化为“文”字，寓意“人文”，将中国悠久的“人文精神”融入奥林匹克运动的历史洪流之中。言之不足，故歌咏之；歌咏不足，故手之舞之、足之蹈之，体现了中国玉文化和中华民族汉字文化的美妙融合，体现了“龙”的精神的延续。这方“中国印”，是诚信的象征，是自信的展示，镌刻着一个有着十三亿人口和五十六个民族国家对于奥林匹克运动的誓言，见证着一个拥有古老文明和现代风范的民族对于奥林匹克精神的崇尚，也是奥运会近百年历史中对举办城市名单最大一处空白的填补。

据考察，据今约5000年的青海大同县上孙寨出土的舞蹈纹彩陶盆，是迄今我国最古老的原始舞蹈图像，在陶盆内壁上有三组舞者，每组五人手挽手列队舞蹈。在内蒙古阿拉善博物馆石刻艺术展厅内有石刻的单人舞者。我国古代的大夏乐舞有九段，表演时演员头戴皮帽，身着素服，风格古朴。商代的巫乐舞广泛用于各种祭祀场合。秦汉有专门的乐舞机关，西汉末的赵飞燕就是一名知名舞者。隋唐是舞蹈十分繁荣的时代，《霓裳羽衣舞》、《胡旋舞》是其中的精品。明清的民间歌舞也十分丰富，仅汉族就有秧歌、花鼓、花灯、打连香、跑旱船、竹马等各种名目。到了现代，中国传统舞蹈又焕发了无限生机，产生了许多优秀作品，如《宝莲灯》、《小刀会》、《丝路花雨》和《千手观音》等。可见，在我国各个时代，舞蹈就与生活结下了不解之缘。我国古代先民伴随着舞蹈劳动、祭祀，举行各种仪式，表述各种情怀。中国首次举办奥运会，当然可以用舞蹈语言加以表达。英国著名抽象派雕塑家莫尔说过：“一切原始艺术最突出的特点，是它们那种生气勃勃的活力”。“舞动的北京”中国印上面的笔画，像字非字，似画非画；融字于画，寓画于字；笔画之间，舞姿翩翩；舞韵之中，笔墨纵情，既浓缩了我国古代印章由字而画的发展轨迹，也诠释了我国古代哲学力求中庸的主流观点，积聚了大量的历史信息和富足的文化精髓。难怪1996年亚特兰大奥运会设计主任、2008年奥运会会徽参与者之一的布雷德·科普兰德先生，从许多会徽设计方案中一见到中国印“舞动的北京”便当即脱口而出：“她是中国的！”

八、龙的精神

在中国近万年的玉文化发展历史上，各类玉龙玉器的制作可谓贯穿整个玉文化的历史进程，而其他任何玉器则达不到这一点，西周礼仪文化的典型代表“六器”，在玉文化的历史长河中也只能说是昙花一现。在中国玉文化发展史上影响较大的“观音”和“弥勒佛”的制作也只是在西汉佛教传入中土后才开始的，它的历史源头在西汉，时间不长。只有玉龙的制作从新石器的红山文化就开始了，而且经过历史的演变和玉龙加工工艺的演化，可以称之为：历史悠久，影响远大，工艺精湛，整个玉龙制作的历史在一定程度上可以说是中国玉文化发展史的缩影。

到了现代，特别是近30多年，中国经济发生了翻天覆地的变化，中华民族炎黄子孙的“德玉”思想和“神龙”思想观念一直就非常浓厚，现在有了经济发展提供的雄厚基础，也导致在玉文化产业中“神龙”形象不断出现。现代玉龙的作品主要有三大类：

一是摆件类：这类作品主要有“中华龙”、“璧龙”、“二龙戏珠”、“龙行天下”等等。

二是龙章：有摆设章、使用章、随型章等，几乎占章的一半以上。

三是饰品类。其主要特征：①玉质好，且用料广泛。独山玉、翡翠、白

白玉 龙佩饰

12×9×25cm

独山玉 龙牌（刘晓强）

7×4×2.6cm

独山玉 龙章（刘晓强 刘晓波）

玉、碧玉都有。此外，寿山石、青田石中也不乏龙章，而且玉质和石质都是上乘料。②工艺好。由于现代工具的先进，再加上各种玉的雕琢技能相互学习、互为融合、共同提高，使龙章的雕琢技术达到了相当高的水准。浮雕、镂空、阳雕、阴雕都普遍使用，其造型一改历史上的或粗或细长、张牙舞爪的情况，摆件以浮雕为主，龙章以圆体和方体为主，便于拿放和保存。③俏色好。不论是翡翠，还是白玉，特别是独山玉，对俏色的使用十分讲究，也十分到位。④数量多。玉文化与神龙文化的融合终成正果，产生了十分可观的效应，不仅推动了整个玉文化产业的发展，而且提高了工艺水平，还实现了良好的富民效应。在全国大约有100万人从事玉文化产业，仅“玉雕之乡”——河南镇平就有30万人从事玉文化产业。今天玉龙走进了千家万户，进了寻常百姓之家，成了富民的“神龙”，不能不说是玉文化和神龙文化融合的典范，这是我们的祖先炎黄二帝在创造龙的图腾时，万万没有想到的结果。

独山玉 狮子章（陈鹏旭 潘永奇）
22×8×8cm

我们在审视神龙文化的时候，对神龙文化所创造的物质层面虽然十分看重，但我们更看重神龙文化给中华民族带来的精神文化内涵。一是文化的认同。文化是社会秩序和社会稳定的基石，无论是儒家的“仁”，还是道家的“德”，佛家的“善”，基督教的“爱”，所体现的无非都是两个字“良知”。而龙文化则体现的是中华民族文化上的认同，全世界的华人，对龙、“龙的传人”、炎黄子孙、中华民族的认同，是中华文化力的一种彰显。二是龙的精神。那就是勤劳勇敢的精神，聪明智慧的精神，开拓进取的精神，团结凝聚的精神，造福人类的精神，天人合一的精神，和谐共生的精神，这才是我们中华民族取之不尽、用之不竭的精神财富。

白玉 龙吟盛世（李克耀 闵旭震）
11×5.5×3cm

独山玉 龙凤呈祥（陈鹏旭 潘永奇）
13×6×2.5cm

第三章

玉文化与『儒、释、道』文化

翡翠 香炉（魏玉忠）

15×13×13cm

艺术点评

玉质细腻，造型对称优美，端庄严谨，工艺在简约之中见其功、平淡之处见其趣，实乃功力非凡。尤其是玉质上乘，水头十足，抛光技法超群，看上去十分养眼，让人爱不释手。

在中国五千年灿烂文化发展史上，玉文化与儒家文化、佛家文化、道家文化相互渗透，相互包容，相互汲取营养，共同提高，成为中国文化发展史上共生共荣的典范和奇葩。

一、玉文化与儒家文化

在中国玉文化发展史上，对玉文化影响最大的是儒家文化，确切的说是中国思想家、教育家、理论政治家、文学家、社会活动家孔子提出并创立的“德玉文化”。孔子不仅被称为“儒家学派”创始人，曾修《诗》、《书》，订《礼》、《乐》，序《周易》，著《春秋》。他一生传道、授业、解惑，被中国人尊称为“至圣先师，万世师表”，其中心思想是“孝、悌、忠、信、礼、义、廉、耻”，核心是“礼”、“仁”。

春秋战国时期，是中国历史上动荡不安的时期，周王室衰微，诸侯坐大，维护封建宗法等级制度的“周礼”遭到极大破坏，社会非常混乱。这个时候代表各阶级利益的知识分子异常活跃，成为一支重要的社会力量，他们纷纷登上历史舞台，著书立说，提出自己的政治主张，形成诸子百家争鸣的繁荣局面。其中，影响最大的是儒家、法家、道家、墨家。他们的思想给玉文化注入丰富的内涵，使人们对玉的认识从感性走向理性。以孔子为代表的儒家在政治上主张“为政以德”、称之为“德治”或“礼治”，主张用道德和礼教来治理国家；以老子为代表的道家提出了“无为、无情、无己”的主张，著有《老子》一书，又名《道德经》，分为上下两册，共81章，前37章为上篇道经，第38章以下属德经，全书的思想内涵是：道是德的“伴”，德是道的“用”，人法地，地法天，天法道，道法自然；以韩非子为代表的法家提出了“法、术、势”，以及“三纲”的政治思想；以墨子为代表的墨家提出了“尚贤、尚同、节用、节葬”的治国方略。作为东方文明轴心标志的儒、道、墨、法等诸子思想与著作，被奉为中华文化的元典，他们用自己的思想所闪现的光辉聚集到一起，形成了星空中最光耀的区域，而他们的学说经过漫长岁月的积淀，熔铸成华夏文明的思想精髓，成为中国思想文化的主干，深刻影响了中华民族的文化发展和民族精神的塑造。这些全新的理论使自古以来的传统玉文化理论受到了很大的挑战。在这种情况下，孔子提出了“德玉文化”的理论：玉是君子的化身，“君子无故玉不去身”。用现在的话说，就是真正有德有身份的君子，是不可以不佩戴玉的。

白玉 平安如意瓶（王超麟 唐书涛）
40×14×8cm

《论语》中记载了这样一个故事。子贡问：“有美玉于斯，韫椟而藏诸？求善贾而沽诸？”子曰：“沽之哉！我待贾者也。”子贡问孔子：“我这儿有一块美玉，我是把它搁在盒子好好收藏着，还是求一个好价钱把它卖了呢？”孔子说：“还是卖了吧！我等着买主呢！”孔子是把自己比作美玉，等着识货的人委以重任，一展抱负。那么，孔子为什么把自己比成玉呢？因为他认为玉有德，这是他对玉最重要的思想。

1.《礼记·聘义》记载，孔子认为玉有十一德：仁、智、义、礼、乐、忠、信、天、地、德、道。“温润而泽，仁也；缜密以栗，智也；廉而不刿，义也；垂之如坠，礼也；叩之其声清越以长，其终绌然，乐也；瑕不掩瑜，瑜不掩瑕，忠也；孚尹旁达，信也；气如白虹，天也；精神见于山川，地也；圭璋特达，德也；天下莫不贵者，道也。《诗》曰：‘言念君子，温其如玉’，故君子贵之也。”

用现在的话说就是：“温润而有光泽，就是仁；玉质质密坚硬，就是智；玉有棱角而不伤人，就是义；玉沉重欲坠，就是礼；敲击玉器，其声音清越悠长，曲终时戛然而止，就是乐；玉瑕不掩瑜，瑜不掩瑕，就是忠；作为信物号令四方，就是信；玉的气质如虹，就是天；玉能体现山川的精神，就是地；玉制的圭璋用于礼仪，就是德；天下人都把玉看得很贵重，就是道。《诗经》中说：‘想念那位君子，是想念他的品德，他温润如玉’。所以君子一向重视玉。”可以说，孔子已把玉的文化含义发挥到极致，由于孔子的大力推崇，有力地推动了玉文化的发展，使玉在艺术品的地位几乎无与伦比。

战国时期 玉串饰

艺术点评

此战国时期的玉串饰，长20厘米，1957年出土于河南三门峡上村岭虢国墓，现收藏于中国国家博物馆。此串饰的特点是重视不同组件之间的排列次序和不同材质之间的搭配组合，尤其是突出色彩方面的对比。个体虽然小巧，但与组玉佩一样可以达到彰显身份地位之目的。此串饰由大小不同的玛瑙珠、琉璃珠、玉珠、绿松石管、玉管及蚕形或蝉形玉饰穿缀而成，为配饰之物。

2.《管子》记载玉有九德："夫玉之所贵者，九德出焉。夫玉温润以泽，仁也；邻以理者，智也；坚而不蹙，义也；廉而不刿，行也；鲜而不垢，洁也；折而不挠，勇也；瑕适皆见，精也；茂华光泽，并通而不相陵，容也；叩之，其音扬彻远，纯而不殺，辞也。是以人主贵之，藏之为宝，剖以为符瑞，九德出焉。"

用现在的话说就是，玉温润而有光泽，是它的"仁"；清澈而有纹理，是它的"智"；坚硬不屈，是它的"义"；棱角分明而不伤人，是它的"行"；鲜明而不污垢，是它的"洁"；可折而不可屈，是它的"勇"；缺点和优点都表现出来，是它的"精"；华美的光泽相互渗透而不互相侵犯，是它的"容"；敲击起来，其声音清扬远闻，纯而不乱，是它的"辞"。所以君子把玉看得很贵重，把玉收藏起来作为宝贝，把玉剖开制作成信物、吉祥物，以充分体现玉的九种品德。

水晶 错金镶宝壶

26×22×16cm

3. 汉代许慎《说文解字》归结玉有五德：仁、义、智、勇、洁。

“玉，石之美者，有五德：润泽以温，仁之方也；鳃理自外，可以知中，义之方也；其声舒扬，专以远闻，智之方也；不挠而折，勇之方也；锐廉而不忮，洁之方也。”

用现在的话说就是，玉有五德：温润是仁；通过表面纹理可以知道里面的结构是义；声音悠扬远闻是智；可折不可屈是勇；锐利而不伤人是洁。这个总结既简练，又容易记，而且和玉的物理特征非常相近，后人就基本依照此说法了。

白玉 梅瓶（唐建波）

28×16×16cm

青玉 梅瓶（魏玉忠）

23×9×9cm

艺术点评

这两件梅瓶，有四个共同的特征：①薄胎。薄胎对一个玉雕大师的要求极高，发力的力度稍有偏差，便可能毁坏一件器物。②纹饰繁复优美，令人眼花缭乱。③对称匀称，古典高雅，犹如亭亭玉立的少女。④玉质优美。白玉梅瓶出自唐建波大师之手，青玉梅瓶为魏玉忠大师设计制作。一白一青，摆放在一起，煞是好看。

孔子是我国古代文化的集大成者，他不仅改造了西周时期玉文化的内涵，对玉德进行了更加深入的阐述，并在美玉上刻上了儒家思想的烙印，为后世开创了一套关于玉的理论。这是一种笼罩在人文主义光环下的思想，洋溢着高尚的道德和丰富的伦理精神，其意义非常远大，中国玉器文明连绵不绝近万年，而且在现代的发展势如长虹，孔子的玉有德结论对后世影响之大令人叹服。在全世界十多个国家都有玉料的矿藏，诸如缅甸的翡翠、加拿大的碧玉、巴西的玛瑙、俄罗斯的白玉等等，但这些国家的民众都不佩戴玉，只有中国人十分喜欢玉。中国有十三亿人，56个民族，不同民族不分男女老幼，不分地位高低都爱玉。此外，在全球的华人也都爱玉，究其主要原因，还是孔子“德玉文化”起到关键性的作用。孔子将玉人格化，赋予玉道德的内容，把玉纳入道德规范，使玉文化和儒家文化有机融合，使玉从早期的神玉文化、礼玉文化，

翡翠 泊子（魏玉忠）
30×22×22cm

翡翠 如意水洗（宋鸣放）
45×40×20cm

发展到战国时期的德玉文化和民玉文化。玉有德作为道德准则和行为规范，深深地植根于人们心中，并一代一代传承至今，时刻提醒每一个佩玉的人不要忘记玉德，这是中国玉雕艺术经久不衰、玉文化产业愈做愈大的理论依据，是我们中国人8000年爱玉风尚的精神支柱；如果没有孔子“德玉文化”的理念，中国爱玉之风会大大减弱。而这种爱玉的美德，必然会随着时间的推移而形成一种文化积淀，深刻地融入到一个民族的血脉之中，世世代代相传延续下去。

二、玉文化与佛教文化

在中国玉文化发展史上，虽然以孔子为代表的儒家文化对玉文化有着重大而又深远的影响，但佛教文化对玉文化产业的影响也是举足轻重，始终占据相当重要的地位。

白玉 观音

22×28×13cm

佛教渊源于宗教和哲学特别发达的印度，具有丰富的哲学内涵，佛经浩如烟海，仅《大正藏》便收录了一万多卷经文，于西汉哀帝元昭元年（公元前2年）传入中国。佛教典籍的体裁十分丰富，既有诗歌式、散文式，也有小说式、戏剧式的。即使不从信仰层面来接受，也可以作为世界上的优秀文化去传承、去学习。由于佛教文化是导人真诚，人心向善，以求家庭和睦、社会和谐、人间和美、世界和平，统治者用儒家文化和佛家文化来巩固社稷，强化统治；平民百姓则从儒家文化和佛家文化中汲取营养，净化心灵。儒家文化强调“君子比德于玉”、“君子无故玉不去身”，从这个层面上看是内涵大于外延；佛家文化提倡人心向善，多建寺庙广收信徒，从这个层面上看是外延大于内涵。但儒家文化和佛家文化都是世界文化宝库中极为优秀的文化，玉文化和儒家文化、佛教文化有机地融合在一起，这种文化融合的现象在世界文化史上极为少见。

玛瑙 观音显圣（杨 辉）

32×20×11cm

首先，中华民族文化有极大的包容性，在中国历史上有元代蒙汉文化的融合、清代满汉文化的融合，包括魏晋南北朝时期的各民族文化融合、宋辽金时期的各民族文化融合等等，两汉时期西域佛家文化自然被中国文化所接受；其次，中华民族是世界上优秀的民族之一，善于学习和汲取世界上最先进的文化，从而丰富自己。由于有儒、道二教的深厚底蕴，加上中华民族人文优秀，所以佛家文化进入中国后，与中国的儒家文化和道教文化相碰撞，激起一串串绚丽多彩的火花，成为世界文化史上灿烂的篇章。佛家文化于唐宋年间在中国大放异彩，天台宗、禅宗等八大佛教宗派，使释加牟尼开创的佛教在中国深入人心，发扬光大，蔚为壮观。

全国佛教圣地：

一是汉族地区四大道场，即佛教的四大名山：山西五台山、四川峨嵋山、浙江普陀山、安徽九华山。

二是汉族著名寺院：陕西西安大慈恩寺、陕西宝鸡法门寺、河南洛阳白马寺、浙江杭州灵隐寺、河南嵩山少林寺、江苏苏州寒山寺、河南开封大相国寺等。

翡翠 莲花观音（唐书涛 仵万基）

55×38×20cm

翡翠 水月观音（尚志伟 任杰武）

35×30×17cm

三是石窟：甘肃敦煌莫高窟、山西大同云岗石窟、河南洛阳龙门石窟、甘肃天水麦积山石窟。

四是佛塔：陕西西安大雁塔与小雁塔、云南大理塔、云南曼飞龙佛塔。

五是佛像：四川乐山大佛、江苏无锡灵山大佛、海南三亚大佛、甘肃张掖大佛。

六是藏传佛教名寺：宗喀巴大师创立的小格鲁派黄教是最大的藏传佛教，著名寺院有甘丹寺、哲蚌寺、色拉寺、扎什伦布寺、塔尔寺、拉卜楞寺等，其中又以六大学院著称，成为藏传佛教培育高僧的基地，是世界上最大的藏传佛教圣地，为全国重点保护单位。

翡翠 观音

35 × 18 × 13cm

在佛教的大力倡导下，上至皇宫贵族、文人学士，下至平民百姓，都是虔诚的佛教信徒。在唐代鼎盛时期，佛教走进了寻常百姓家，“家家观世音，户户阿弥陀”，佛菩萨圣诞等宗教节日也逐渐成为社会普遍接受的民俗节日，其中以腊八节和盂兰会的影响最为突出。此外，佛教远播日本、朝鲜以及东南亚各国。在中国玉文化发展史上，佛教不仅导人向善，而且还推动了玉文化产业发展，二者有机地融为一体。

翡翠 皆大欢喜（李海奇）

翡翠 观自在（李海奇）
33×28×16cm

艺术点评

中国玉石雕刻大师李海奇在业内知名度颇高，他以前是从事独山玉作品设计制作的。其中独山玉《悟道》获全国最高奖“天工奖”金奖。为了提高技艺，他从师“中国水晶雕刻第一人”仵应汶，学习水晶佛教人物的设计制作，他和仵应汶大师的水晶作品也获得了全国“天工奖”玉雕精品展的金奖。现在，他又从事翡翠作品的设计制作，这件翡翠《观自在》就是他的经典作品之一，充分利用原料的淡黄皮色，做成观音的头饰，只是在原料中间破皮，作了观音的面部。在业界都知道，观音最难做的就是面部，尤其是眼眸，没有相当的功力是难以完成的，这件作品的观音面部就制作得非常成功。观音慈眉善目，慧眼微阖，高鼻梁，让人观之可亲可敬。

1. 全国玉器市场中，绝大部分是依托寺庙而建的。现存最早的两座唐代古建南禅寺大殿和佛光寺大殿，均为佛寺殿堂。至于古塔，基本上都是佛教建筑。尤其是那些经典之作的塔，诸如嵩山嵩岳寺塔、山西应县木塔、大理崇圣寺之塔、苏州云岩寺塔等等，虽然风格各异，但都是清一色的佛塔。“天下名山僧占多”，中国名山大都被寺庙所占领，从这个现象上看，佛家文化对中国的影响非常之大。名山既因自然景观而名，也因人文景观而胜，而佛教正是人文景观中的一项主要内容。全国几个著名的玉器市场，大都是依托古寺庙而建，如上海的城隍庙玉器市场是长三角最大的玉器交易市场，依托上海城隍庙而建，因城隍庙而得名，因城隍庙而聚人气；广州的华林寺玉器市场是广东最大的玉器交易市场，也是依托广州华林寺而建的；河南镇平的石佛寺玉器市场是全国最大的玉器销售集散地，是依托石佛寺而建的，而且正在兴建的“国际玉城”计划为古老的石佛寺迁建，占地286亩。这些玉器市场在全国甚至东南亚地区都非常有名气，究其主要原因，这些玉器市场都是集玉文化、佛教文化、旅游文化、人文景观文化于一体，相互包容，相互促进，共同和谐发展。

河南省镇平县石佛寺“国际玉城”

2. 在全国玉文化产业的产品中，佛教类的作品占据绝对统治地位。“男戴观音，女戴佛”成为华夏儿女的口头禅，由此可见佛教类作品在玉器作品中的地位。可以说，观音像和佛像成为自佛教传入中土后，尤其是近代和现代玉雕作品中永恒的主流作品。据统计，在玉器摆件中佛教类作品要占一半以上的数量，甚至要超过这个数目；在玉器饰品类中占的比重更大，尤其在翡翠、白玉两大玉种的高档作品中，观音、佛的数量更多。

独山玉 观音 冰种（陈鹏旭 潘永奇）
4×2.5×2.5cm

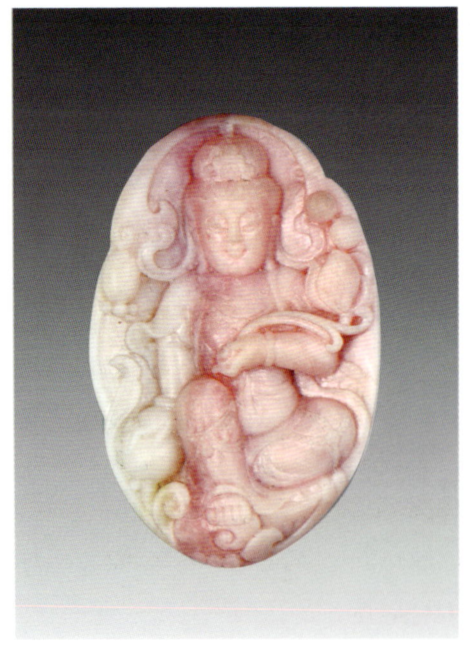

独山玉 观音 红（陈鹏旭 潘永奇）
9×5.5×2.5cm

独山玉 观音 绿（陈鹏旭 潘永奇）
9×6×2.5cm

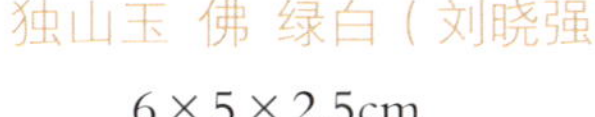

独山玉 佛 绿白（刘晓强）

6×5×2.5cm

独山玉 佛 红（陈鹏旭 潘永奇）

8×6×2.5cm

3. 在全国著名的工艺美术大师和玉石雕刻大师的经典作品中，佛教题材占的比重相当大。在玉雕类的大件山子雕产品中，有山水则必有古寺梵刹、阿兰若处；人物题材作品中，则离不开诸佛菩萨、金刚罗汉、高僧大德。中国工艺美术大师吴德生做的白玉籽料《观音》名满玉雕界，成为业界效仿的经典。中国工艺美术大师、中国玉石雕刻大师仵应汶，是专门从事水晶类佛教题材作品的治玉高手，他做的水晶《千手观音》等佛教题材的作品，屡次在全国“天工奖”玉雕精品展上夺得金奖。仵应汶大师制作的水晶《三教九流图》作为国宝赠送给俄罗斯总统普京，被玉雕界称为“中国水晶雕刻第一人”。在这些作品中，不仅直接以佛教相关题材或佛教经文为创作内容，更蕴涵着佛法的境界和精神。如果没有相当深厚的玉文化底蕴和宗教文化素养，作品如何能有空灵深邃的境界？如何能把玉文化和宗教文化完美地融合，正所谓“功夫在作品外”，若不了解作品之后的历史背景和文化背景，是无论如何不能穿越千年时空，领略那番禅意，体会那份超然脱俗的意境的。

水晶 华严三圣（仵应汶 王东光）

110 × 90 × 60cm

艺术点评

盛世昌隆，必有重器。中国工艺美术大师仵应汶的水晶作品《华严三圣》，便是这样足可以传世的重器，荣获2011年全国“天工奖”玉雕精品展金奖。在佛教故事中，文殊菩萨以智、普贤菩萨以行辅助释迦摩尼佛的法身毗卢遮那佛，称之为“华严三圣”。作者的艺术特色非常明显，就是用水晶为原料做佛教类的作品，而且功力非常之高，为水晶作品中的领军人物和泰山北斗，在全国业内无人能出其右，其作品在全国玉雕界极有影响力。他的水晶佛教类作品成为全国玉雕界艺术风格的风向标，成为大师人格和艺术功力的郑重解读和诠释，凝聚着大师的理想和信仰。玉文化具有超越历史时空的穿透力，作者之所以能创作出具有震撼人心和传世的作品，往往因为他具有超人的人格魅力和深厚的文化底蕴，能够把自己掌握的文化知识、对佛教作品的理解和人格魅力物化和外化到一件作品上，创作出的作品具备震撼人心的吸引力和传世功力，这些作品也必将经岁月的洗礼而更加光彩夺目。

此作品综合运用亮光和哑光工艺，立体雕出三圣形象，从人物面部表情到衣饰均纤毫毕现，线条精密，雕工极佳，彰显了作者对水晶佛像题材的高超功力。此外，黄杨木雕刻的力士也极为勇武，紫檀、绿松石、珊瑚、象牙结合打造的火焰状背景也颇为壮观，莲花台庄严宝座与作品本身浑然一体，佛教的威严、静穆之气尽显于此，堪称佛教题材作品中的典范。

三、玉文化与道教文化

道家是中国春秋战国时期诸子百家中最重要的思想学派之一，其鼻祖为老子李聃。道教是中国本土宗教，也是中国最具代表性的民族宗教，道家思想文化源远流长，博大精深。在中国，道是传统文化中极具魅力且分量最重的一个概念，道是理念、境界、智慧、力量、路径，是古老中国的文化密码。道教文化曾对儒家文化和佛家文化有着重要的影响，儒、道既互相分立，又互相补充，共同奠定了中国传统文化的根基，成为中国文化及其哲学的渊源和主流传统之一，并培育了中华民族的共同心理和精神特质，造就了中华民族的精神，对中华民族的生存和发展产生了深远的影响。老子主张“道”的基本法则，认为自然界万物处于经常的运动变化之中，其宇宙观为：“道生一、一生二、三生万物，万物负阴而抱阳，冲气以为和”。其价值观为：无、道、德三者合一。“无为而无不为”是一句脍炙人口的名言，无为是一种心境，是一种修养境界。

白玉 青玉 太极壶（魏玉忠）
16cm（直径）

道家在先秦各学派中，虽没有儒家和墨家有很多的门徒和较高地位，影响也远没有外域传入中土的佛家那么大，但随着历史的发展，道家思想以其独有的宇宙、社会和人生领悟，在哲学思想上呈现出永恒的价值与生命力。在中国传统文化中，讲究“外示孔孟，内用老庄”的哲理，已经成为人们的一种精神向往。特别是道家文化提倡尊重科学，尊重规律，“天得一以清，地得一以灵，谷得一以盈，万物得一以生，侯王得一以天下正”。反之，“天无以清，将恐裂；地无以宁，将恐发；神无以灵，将恐歇；谷无以盈，将恐竭；万物无以生，将恐灾；侯王无以正，将恐蹶。”用现在的话说，就是“上天尊重规律可以清澈，大地尊重规律可以安宁，神灵尊重规律可以灵验，河流尊重规律可以水满，万物尊重规律可以生生不息，君王尊重规律可以天下太平。”反之，“天空不清澈就可能会爆裂，大地不安宁就可能会塌陷，神灵不显灵就可能会消失，河流没有水就可能会枯竭，万事万物不能生就可能会灭亡，君王不能统治天下就可能会颠覆”。“故贵以贱为本，高以下为基。”

翡翠 生机（吴元全 仵孟超）
9×9×8cm

道教文化与玉文化的关系匪浅，可以说自先秦时代有了道家、东汉时期产生道教，就有了玉文化和道教文化的渊源，说来已有两千多年的历史。道教中的玉皇大帝、玉虚仙境等等，也都离不开一个“玉”字，道教的“贵生”、“贵术”等用玉思想即继承了先秦玉文化的传统精神。在玉器图案上道教文化也有多方面体现，道家文化中的老子、仙鹤、蝙蝠等元素也成为古今玉雕的经典图案。中国的玉文化产业从道家的“道法自然”、“知足常乐”、“天下和谐”、“形神兼养”等观念汲取丰富的营养，创作出了一大批具有道教思想理念的精品佳作，不仅给广大的玉雕作品爱好者以生活的启迪，而且给中国的玉文化产业带来了无限的生机与活力。

独山玉 悟道（仵应汶 李海奇）
110×45×45cm

艺术点评

独山玉《悟道》2006年获全国“天工奖”玉雕精品展金奖，在全国玉雕界引起了不小的轰动。此作品以优质的独山玉为原料，以老子创始的“人法地、地法天、天法道、道法自然”为题材，利用独山玉多彩的特点，将“道”、“老子”、“道德经”等一系列道家元素非常巧妙又自然地融合在一起，形成了一个整体。作品构思巧妙，依材施艺，虚实结合、写意和写实相结合，既有远山的衬托，又有道家文化元素的点缀。同时，又有人物的细致刻划，特别以“老子”面部表情的刻划尤为精妙传神，塑造了一个主题十分鲜明，又凸显灵空的画卷，让人不由得驻足深思。

《道德经》是被誉为“万经之王”的宝典，对中国古老的哲学、科学、政治、艺术、宗教等都产生过深远的影响，无论对中华民族的性格铸成，还是对政治的统一与稳定，都起着不可估量的作用。早在唐朝，玄奘法师就将《道德经》译成梵文，传到印度等国。从16世纪开始，《道德经》被翻译成拉丁文、英文、日文等，目前所查到各种译版的《道德经》典籍已有1000多种，而且每年还有一到两种新的译本问世，它的发行量仅次于《圣经》。西方一些学者不遗余力地探求其中的科学奥秘，寻求人类文明的源头，探究古代智慧的底蕴。鲁迅说：“不读《道德经》一书，不知中国文化，不知人生真谛”，“中国根底全在道教”。胡适说：“老子是中国哲学的鼻祖，是中国哲学史上第一位真正的哲学家”。纪晓岚称《道德经》“综罗百代，广博精微”。

白玉 道（刘国皓 赵萌）
8×4×3cm

白玉 王者（刘国皓 赵萌）
12×6.5×3cm

玉文化与英雄文化

独山玉 山林逸境（刘晓强 董学中）
28×10×16cm

艺术点评

作品符合“大圭不琢，美其质地”的古训，作品保留了大面积的天蓝玉料未雕琢，只在局部雕琢了仙鹤、老人、马车和山林景色，以及天空飞鸟、小桥流水，可以称为浑然天成，不仅布局十分合理，动静呼应，而且雕琢工艺娴熟，山川草木自然和谐，人物须发毕现，气定神闲，营造出一种超凡脱俗的空灵之气。驻马停车，听空山鸟语、长天雁声；举匏相属，看白鹤起舞，野鹿食萍。意态悠闲，去留无意，物我两忘。此作品玉质优良，清婉明艳，随形施艺，气韵悠长。细观之，细品之，犹如一幅立体的春天揽胜图，清而不寒，秀而不媚，的确为难得的良玉、好工、佳作。

中国的历史，在很大程度上是一部英雄史。中国的英雄文化起源于原始的英雄崇拜，从神话中的英雄故事开始，在中国这块政治和文化高地上，涌现出一批批英雄人物，他们谱写的英雄史，灿烂辉煌，光耀九州，犹如一幕幕英雄话剧，形成了人们仰慕英雄、崇尚英雄、学习英雄的英雄文化。英雄文化，是指以英雄崇拜功业理想为基础、个体追求与社会使命相统一，以英雄人物为主要构成的具有进步思想倾向的文化精神。主要内容包括：英雄人物的事迹、故事、传说、有关遗迹，时人和后代围绕英雄人物的演义、小说、戏剧等文艺文化，以及无形的英雄精神，人民大众的趋从、仰慕和崇尚情感等。在中华大地的这片热土上，遗存着女娲补天的浪漫话题，流传着黄帝“大战蚩尤”的动人故事，散落着后羿射日的不屈箭镞，留下大禹治水的倔强斧印，传颂着抗金英雄岳飞的事迹，赞美着包拯为官清正的辉煌成就，他们就是历史英雄，就是文化英雄，就是民族英雄。他们的品德是激发中华民族“天下兴亡，匹夫有责”精神的重要因素，是中华民族“以人为本”精神的直接来源，是中华民族奋发向上精神的源泉。这些民族精神经过数千年的锤炼，形成的文化和传统一直牢固地扎根在民族心理、民族性格之中，在很大程度上影响了民

艺术点评

依色施艺是作品的最大特征，作者充分利用独山玉色彩丰富的特征，把墨绿色做成荷叶，使之收藏起清芬四溢的远香，成为虚怀若谷的雅物，正是大千世界有容乃大；把洁白色做成荷花，使之成为出污泥而不染的君子之花，流露出清香华贵；一只小鸟为整个作品增添了灵动之气。问乾坤有多大，尽在这青莲之中。

独山玉 清气满乾坤（刘 梦）

23 × 15 × 14cm

白玉 煮酒论英雄（张根来）
8×4×2.5cm

族精神的形成。而玉文化与英雄文化的融合，形成了另外一种艺术的表现形式，主要是玉雕艺人们从英雄文化中汲取营养，升华情感，开拓思路，制作出了一大批表现不同历史时期各类英雄人物的玉雕佳作，而且形成了系列化的趋势，是玉文化与英雄文化融合的典范。

艺术点评

此作品有三大特点：①玉质上乘。此作品玉质上佳，温润纯净，脂感强烈，是一块真正的和田籽料。在作品右下方的边缘处，尚留籽料的红皮色，在目前和田籽料日趋匮乏之时，更显得弥足珍贵。②工艺精湛。一轮红日高挂在天空，天上祥云飞渡，青梅树下，曹操高谈阔论，刘备恭敬地倾听，小桌上的青梅酒正冒着热气。一切布局疏密有致，合理自然，人物的面部表情尤为传神，足见作者把握大局和处理细微之处的功力。③内涵丰富。作品以罗贯中《三国演义》二十一回曹操煮酒论英雄为题材而创作，可以称得上是美玉与艺术的结合，玉文化与英雄文化的融汇，使作品达到了出神入化的境地。

一、玉文化与神话英雄

神话是人类最古老的一种文学样式，在中国古老的文明史上，有着许许多多美丽动人的神话故事，从目前相关资料上看大约有40多个，这些神话故事的主题都是以舍生取义、男女爱情、造福人类为主要内容的，如盘古开天辟地、女娲补天、伏羲氏画八卦、嫦娥奔月、牛郎织女鹊桥相会、二月二龙抬头、燧人氏钻燧取火等。这些神话故事起源早、流传广，有的甚至被编成戏曲来演唱，对玉雕艺人来说，耳濡目染，影响很大，他们在玉雕作品的设计和制作过程中，自觉或不自觉地以这些神话故事为题材，制作出不少精品。这些玉雕精品一方面很受广大玉雕爱好者的喜爱，另一方面通过玉雕精品的流传又扩大了神话故事的影响力，二者相得益彰。

独山玉 女娲补天（刘晓波）
45×26×20cm

艺术点评

相传在远古时期，水神共工和火神祝融争夺天下，结果火神祝融获胜。水神共工一怒之下把头撞向顶天柱的不周山，天崩地裂，天倒了半边，大火、山洪肆虐，民不聊生。女娲在天台山炼五彩石，把天补上了。这是个美好的故事传说，人们的美好愿望要远远胜于故事本身的真实性，况且中国各地女娲补天神话故事的版本很多，内容大致相同，只是地点不同罢了。

此作品的最大特征是择色“净”、工艺“绝”。所谓择色“净”，就是独山玉一块原料上杂色和过渡色很多，俏色用不好就起不到应有的效果，反而有牵强附会的感觉。此件作品的色就非常净，黑白分明，干干净净。女娲背靠苍山和烈日，左侧是熊熊大火在燃烧，右下方是一条苍龙在水中张牙舞爪地肆虐，但女娲不畏艰险，奋不顾身，体现了一往无前的大无畏气概。女娲的身体冉冉升起，在空中的姿态十分舒展优美，与历史上图画中的女娲十分相似。所谓工艺“绝”，就是女娲用手托起的一块五彩石，正是独山玉中的珍品粉红色，且玉料中就这一小点，作者把这一点设计为女娲手中托起的五彩石，可谓画龙点睛，非常出彩，不由得让人驻足，百看不厌。

二、玉文化与氏族英雄

氏族大约产生于旧石器时代晚期，其主要特征是：靠血缘纽带维系，实行族外婚，生产资料归氏族公有，成员共同劳动，平均分配产品；公共事务由选出的氏族长管理，重大问题由氏族成员会议决定。在这个历史时期，产生了许多的氏族英雄。如帝圣伏羲，传说他发明了八卦、文字和网罟，改革了婚姻制度，把蚕丝用于先民的生活，对推动我国远古时代社会前进做出了伟大贡献。再如帝圣黄帝，他创制衣饰冠冕，确立了天文、历法、医学、音乐、文学等，并设专人管理；督促人民顺应时令，播种百谷；完成从采集、渔猎、四处漂泊、藏身山洞的生活到从事农业经济、铜石并用、相对定居和有一定分工的社会过渡。玉雕艺人设计制作出了《群英会》、《炎黄二帝》等佳作，供人们敬仰。

独山玉 群英会 （王稷 张新强）

艺术点评

此作品有三大特征：①玉质上佳，色艳鲜美，水头十足；②作品顺色立意，依料造型，以芙蓉红雕成桃花，俏色点染，突出了主题，人物形象极具动态美，且人、物、景安排错落有致，场面恢弘大气，感染力强；③玉文化与书画艺术完美的结合，作品下方由“铁笔王——王玉敬”的字和画，更增加了作品的张力。

独山玉 炎黄二帝（仵海洲）

28×26×18cm

艺术点评

在远古时期，以炎黄二帝为首的华夏部族居住于黄河一带，并向东扩张；以蚩尤为首的九黎部族居住于长江流域，以伏羲、女娲为首的苗蛮部族居住于湘、鄂、赣地域。三大集团争夺天下，最终炎黄二帝胜，同化为后来的汉族。黄帝成为中华民族的始祖后，考定纪年、编造书契、制定冕服、确定音律、统一度量衡、设置官吏。山西黄帝陵墓，成为华夏儿女公祭的地方。河南新郑是黄帝故里，成为华夏儿女拜祖的地方，现在每年的农历三月初三，河南新郑都要举行拜祖大典。届时，全球的华夏儿女，齐聚河南新郑，共同举行盛大的炎黄二帝拜祖大典。

此作品选材于优质的独山玉，可称得上质好、工好、俏色好。质好自不必说；就工艺而言，颇有“汉八刀”的韵味，刀法简练清晰，一气呵成，炎黄二帝面目表情冷峻，让人心生敬仰；俏色用得十分到位，炎黄二帝虽然只刻出头部，却位于高高的山顶上，其高大形象让人仰而视之，肃然起敬。

三、玉文化与文化英雄

文化英雄主要是指在远古时期生产工具的发明者，或为人类生产和生活的造福者，如神农氏、燧人氏、禹等。在这方面，玉雕艺人制作的玉雕精品有《神农氏》、《大禹治水》等。

清代 白玉 大禹治水

艺术点评

《大禹治水》题材取自我国上古传说，当时整个中华大地洪水泛滥，大禹率领民众与大自然搏斗，他采取改“堵”为“疏”的办法，三过家门而不入，最后取得了成功，并经舜举荐成为部落首领。从这里可以看出中华民族勤劳、勇敢、坚韧不屈的精神。

《大禹治水》选材于新疆密勒塔山青白玉，高224厘米、宽96厘米、座高60厘米，重5000千克，在没有现代化交通工具的情况下，运输之难是可想而知的。玉料到达京师后，乾隆帝钦定用内府藏宋人《大禹治水图》画轴为稿本，由清宫造办处画出大禹治水纸样，由画匠贾全在大玉上临画，再做木样发往扬州雕刻。大玉于乾隆四十六年（1781年）发往扬州，至乾隆五十二年（1787年）玉山雕成，乾隆五十三年乾隆帝又命宫中造办处玉匠朱泰将乾隆御制诗和两方宝玺印文刻在玉山上。前后共计费时十余年，总工程量达25万工作日，用去白银万余两，才制成了中国玉器宝库中用材最宏、运路最长、历时最久、费用最高、气魄最大的玉雕工艺品。现收藏于北京故宫博物馆。

《大禹治水》玉山上雕有峻岭、瀑布、古木苍松，松树树干虬劲，浓荫匝地，体现了中华民族旺盛的生命力。在山崖峭壁上，成群结队的劳动者在开山治水。玉山正面中部山石处，刻乾隆阴文篆书“五福五代堂古稀天子宝”十字方玺，背面上部阴刻乾隆书《题密勒塔山玉大禹治水图》御制诗，下部刻篆书“八徵耄念之宝”六字方玺。以剔地起突雕琢法，巧妙地结合材料的原有形状，灵活安排山水人物。在山巅浮云处，还雕成一个金神带着几个雷公模样的鬼怪，仿佛在开山爆破，使这件描绘现实主义的作品，具有浪漫主义的色彩。

帝王用《大禹治水》来夸饰伟业，但有意无意之间，在光滑温润的青玉上，一个精致工巧的劳动场景似乎影射出古老民族勤劳自强的伟大灵魂。

四、玉文化与历史英雄

在中国历史上，汉末魏晋时期是我国英雄文化的定型期，当时以曹魏集团为核心的英雄，对人才有着强烈的渴望，对建功立业的不懈追求，催生着一种健康向上的人生观，英雄文化进入其本质意义的阶段。在这方面，玉雕艺人制作的精品有独山玉《三顾茅庐》、《桃园结义》、《观沧海》等。

白玉 观沧海（柴艺杨）
20×12×10cm

独山玉 三顾茅庐（董学清）
33×26×18cm

艺术点评

汉末，黄巾事起，天下大乱，曹操坐据朝廷，孙权拥兵东吴，当时驻军新野的刘备兵少将寡，虽有皇叔之名，但缺少谋士的筹划，四处碰壁，空有一腔抱负。此时刘备接受谋士徐庶的建议，三顾草庐，请年仅二十五六岁的诸葛亮出山。于是有了历史上著名的《隆中对》；有了先取荆州为家，再取益州成三足鼎立之势，继而图取中原的战略构想；有了“火烧新野”、“草船借箭”、“巧借东风”、“七纵七擒”、“木牛流马”这些千古传奇的故事；有了“鞠躬尽瘁，死而后已”的名言；也就有了羽扇纶巾的千古名相。诸葛亮成为后世忠臣的楷模，智慧的化身，大诗人杜甫作千古名篇《蜀相》赞美诸葛亮。

此作品工艺十分精美，采用写实的手法，真实地记载了刘、关、张第三次赴草庐请诸葛亮出山时的一个场景，此作品就是定格在那个时代的一个特写镜头。草庐内温暖如春，诸葛亮在草堂之中、卧榻之上鼾睡，刘备虔诚地站立在草堂之外耐心等待诸葛亮醒来。草堂外的张飞看到诸葛亮如此慢待大哥，气得怒火中烧，要去一把火烧了诸葛亮的草庐。还是关羽老成，竭力劝三弟不可莽撞，让他稍安勿躁，免得误了大哥的大事。此作品场景真实，刘、关、张面部表情各异。刘备的虔诚，关羽的严肃，张飞的懊恼，均入木三分，让人看后忍不住拍案叫绝。

五、玉文化与民族英雄

在中国五千年的发展历程中，中华民族形成了以爱国主义为核心，团结统一、爱好和平、勤劳勇敢、自强不息的伟大民族精神。我国历史上的民族英雄有共同特征：爱国爱民、自强不息、义薄云天、舍生取义。出生在河南汤阴县的岳飞，就是中国历史上家喻户晓的民族英雄，在他身后的八百多年间，中华大地上越百计的州、县为他立庙；数以千计的书籍记录他的史迹；无数人传颂他的故事。在偌大国度里形成了一种特有的“岳飞文化”现象，并传承至今。岳飞的精忠报国精神，展现了巨大的人格力量和中华民族不屈不挠的精神。岳飞大孝至爱的道德情操成为后来人们竞相效仿的道德情怀，他是民族品格的杰出代表，这种精神感召了一代又一代的来者，也感动了一批又一批的玉雕艺人，他们以岳飞为榜样，制作出独山玉《满江红》这样的玉雕精品，给人们以极大的精神鼓励。

独山玉 满江红（李海奇）

26×26×16cm

岳飞《满江红》词

怒发冲冠，凭栏处、潇潇雨歇。抬望眼，仰天长啸，壮怀激烈。三十功名尘与土，八千里路云和月。莫等闲，白了少年头，空悲切。靖康耻，犹未雪；臣子恨，何时灭。驾长车踏破贺兰山缺。壮志饥餐胡虏肉，笑谈渴饮匈奴血。待从头收拾旧山河，朝天阙。

艺术点评

此词、此人、此作，可以称得上是名词、名人、名品。

这是一首气壮山河、光照日月的传世名词，表现了作者大无畏的英雄气概，洋溢着爱国主义激情。绍兴六年（公元1136年）岳飞率军从襄阳出发北上，陆续收复失地，前锋逼近北宋故都汴京，大有一举收复失地，直捣黄龙（今吉林农安，金故都）之势，但宋高宗恐大权旁落，一心议和，岳飞“还我山河”的壮志难酬，在百感交集之际写下了这首气吞山河的《满江红》词。

这是一个名人，岳飞当然是中华民族家喻户晓的抗金英雄。

这是一件名品，此作品成功地运用雕塑手法，描绘了一个威武高大的岳飞形象。作品线条大气浑厚，是玉雕工艺和雕塑艺术完美结合的典范，真实地反映了岳飞精忠报国的英雄气概。岳飞站在高山之巅，极目祖国的大好河山，一腔热血，仰天长啸。作品用酱红色的独山玉雕刻而成，岳飞身披战袍，血战沙场，万里河山一片血红，英雄用自己的鲜血染红了祖国的山河，正应了《满江红》的主题，看后让国人为之敬仰。

六、玉文化与忠义英雄

在英雄史册中，关羽属于“忠”、“义”英雄的典型。他既没有炎黄二帝的丰功伟绩，也没有大禹治水的功业，更没有岳飞保家卫国的英雄事迹，但他“忠”、“义”、“勇”、“智”、“廉”的特性，几乎和许慎总结概括玉的品质“仁、义、智、勇、洁”相近，十分符合中华民族的精神，符合孔子“德玉”的本质内涵。因此，在他死后千余年间，“侯而王、王而帝、帝而圣、圣而天，褒封不尽，庙祀无垠”。不仅历代统治者对他尊崇有加，宋朝时封他“武安王”，明朝时封他“协天护国忠义大帝”，清朝时封号更是数不胜数。而且民间也尊其为“关公”、“关夫子”、“关帝”、“关圣”、“武圣”，南方的商人还把他敬为“财神”，成了唯一被儒、释、道三家崇拜的神。在这方面，玉雕艺人制作的“关公”数不胜数，大至一米多高的巨像，小至饰品件，比比皆是，影响非常之大。

水晶 关公（仵应汶 王东光）

28 × 18 × 12cm

白玉 武圣降龙（刘国皓）

26 × 12 × 12cm

七、玉文化与大众英雄

在现代的玉文化产品中，不仅有帝王将相、才子佳人、历史典故、唐诗宋词、民族英雄，还有众多的大众英雄题材，一些玉雕艺人深入生活，创作出不少反映大众英雄题材的精品。如独山玉《红旗渠》的制作者杨万才，为了设计制作《红旗渠》这件巨作，他三次深入河南林县，到当年开发红旗渠的现场察看，与当年开山放炮、创造红旗渠伟大业绩的大众英雄们交谈，尔后设计制作出了独山玉《红旗渠》，在2005年全国"天工奖"玉雕精品展上夺得最佳创意奖。中国玉石雕刻大师张克钊，为了制作好独山玉《读书郎》，多次到山村小学体验生活，同山村一线的老师交流，与山村的小学生交谈，最后制作出独山玉作品《读书郎》，受到了国内业界专家的一致好评。

独山玉 读书郎（张克钊 朱千秋）
40×38×27cm

艺术点评

玉雕不同于雕塑，尤其是石膏雕塑和泥塑，一旦失手还可以重来，可以修补。而玉雕则不同，在方寸之间的玉料上设计出一件尽善尽美的玉雕作品实属不易，况且对雕刻过程中的用刀力量要求甚高，一旦用力不当便可毁坏一件器物，浪费一个精美而价值颇高的玉料。作者制作独山玉《读书郎》的要求更高，黑白玉人的制作被称之为业界难点，要求人物的面部、手、脚等部位必须是白色的，而且比例要适当，不能有牵强附会之感，制作起来非常之难。独山玉作品《读书郎》几乎达到了完美的程度，教书先生和几位学生，包括书等俏色都十分到位，面部刻划也达到上佳水平，十分难得。

玉文化与吉祥文化

“德玉文化”是中国玉文化的永恒主题，在表现形式上以吉祥文化为主，吉祥文化与玉文化结合非常紧密，可以说吉祥文化有其独特的个性。按照哲学一分为二的观点，任何事物都有两重性，有好的一面就有差的一面，“真、善、美”与“假、恶、丑”是一对孪生姐妹。但玉文化中的吉祥文化就不尽然，她只讲“真、善、美”，避而不视“假、恶、丑”。诸如玉器作品《钟馗》，在人们心目中面目丑陋的一面不见了，显示的是钟馗捉鬼镇宅的一面；玉器作品《山鬼》，在人们心目中狰狞的面目不见了，人们看到的是一个美丽少女与老虎和谐共存的情景；玉器作品《富贵缠身》，雕琢的是一只蝙蝠和一个乌龟，只取“富”和“贵”这两个谐音字；还有玉器作品《独霸天下》雕琢的是蝎子、蜈蚣等害人的虫子，却起了一个响当当的威名，类似这样的玉

独山玉 十全十美（刘晓波 马海军 王新虎）

60×18×12cm

艺术点评

作者构思巧妙，匠心独运，集百吉千祥于一体，寓意深刻，妙趣天成。以一柄大如意为依托，巧雕吉祥十宝：两端盛开的灵芝仙草，如意、灵芝与柿子应合“事事如意”；佛手、蝙蝠有“福”之瑞兆；人参应“人生长寿”之象；牡丹喻“富贵”之说；金蝉有“财运”之征；菊花有拟生之坚韧，石榴亦指多子多孙，福泽绵长，实为吉祥之物，珍品之作。

器作品非常多。即使是用以殓葬的玉器，也旨在希望墓主人能尸体不腐，来世再生。在人们日常生活中的玉器更如此，玉文化始终以弘扬正气、寄托人们的美好理想和愿望、强身健体为主，这已经成为中华民族的精神财富。因此，玉器深受国人的喜爱。

独山玉 独霸天下（张 静）

6×5×4cm

白玉 钟馗（刘国皓）

11×6.5×5cm

青玉 金蟾（刘国皓）

8×4×3cm

一、玉与人名

在中国古代“玉”和“王”是不分的，原来的甲骨文小篆、简文、玺文、金文都把“玉”字写作“王”，后来为了区别“玉”字和“帝王”的“王”字，就在“王”字上加一点，作为“玉”的专用。人们常常用珠宝玉石等有价值的字眼给孩子起名字，而且不分男女，都离不开“玉”。女子希望有玉的柔美和晶莹，有“一片冰心在玉壶”的含蓄；男子希望有玉的宁静和高洁，有“宁为玉碎，不为瓦全”的铮铮铁骨，正所谓“守身如玉，修身似玉”，都希望儿女成为德才兼备的人。

“玉”字进入人名，原因是多方面的。

① 归根到底是玉石本身的“五德”使然。玉的“五德”即“仁、义、智、勇、洁”，既可表明玉的五大特征，也可作为人的五种美德，可作为正人

白玉　高风亮节（刘国皓）

13×7×2.5cm

白玉 君子之风（刘国皓）

13×5×2.5cm

白玉 五鼠运财（张红哲）

16×4×2.5cm

白玉 引福进门（张红哲）

10×4×1.5cm

君子的座右铭，所以“君子必佩玉”。古人和今人以“玉”为名，正表明对玉之美德的追求与向往。

② 人们对玉的尊爱。8000年的玉文化历史源远流长，人们把玉看作如生命般珍贵。伴随一个人生命全过程的是姓名，人中骄子追求青史留名，而美玉英名亘古流传，自然联想到玉，以玉为名。

③ 古人重视辟邪。人们把最有效的辟邪物定为玉石，且几千年痴心不改，代代相传。长辈们都期望借玉名好辟邪，企盼子孙一生顺遂平安，就起一个玉名、带一块玉。

④ 佩玉有利于健康。玉有锌、镁、铁、铜、硒、铬、锰、钴等有利于健康的微量元素而不张扬，体现了宽厚、博学、仁爱的君子之风，以玉为名，非常自然。

二、吉祥文化类玉器作品

玉不琢，不成器。玉雕大师一般根据玉料质地、色彩、块度、形状、市场需求等特点，结合传统文化与现代时尚，独具匠心地设计、雕刻出有深厚文化底蕴的形、色、意兼备的工艺品。中国玉器往往遵循中国传统美术理论，即以形写神、神韵生动的艺术规律，追求造型逼真、雕刻精细、古朴典雅的艺术风格，尤以运用吉祥图案这一方式，用走兽、花鸟、器物等形象和一些吉祥文字，以民间传说及神话故事等为背景，通过借喻、比拟、双关、象征、谐音等表现手法，构成了“一句吉语一图案”的表达形式，赋予求吉呈祥、消灾免难之意，寄托人们期盼幸福、长寿、喜庆等的美好愿望。除此，还把古今中外一些优秀文学作品、唐诗宋词的意境和重大历史事件、历史典故表现在玉雕作品中，增加了浓厚的文化韵味。

白玉 鹿鹤同春（孟庆东）

12×6×5cm

独山玉 如意前程（李 平）

6×6×2.5cm

独山玉 好日子（李 平）

8×5×2.5cm

（一）吉祥图案

1. 表示富贵吉祥的图案：

① 两条鲶鱼：年年有余。② 毛笔、如意：必定如意。③ 群仙祝寿：以神话传说中三月三日王母娘娘生日，各路神仙前来祝贺的场面作为图案，取喜庆祝寿之意。④ 羊、如意：样样如意。⑤ 瓶、如意：平安如意。⑥ 一活泼可爱的娃娃伸手抓蝙蝠：福从天降。⑦ 云纹、蝙蝠：流云百福。⑧ 蝙蝠、铜钱：福在眼前。

白玉 年年有余（刘国皓）

9×6×4cm

2. 科举及第和官运亨通的图案：

① 教子成名 ② 五子夺魁 ③ 喜报三元 ④ 鲤鱼跃龙门 ⑤ 太师少师 ⑥ 状元及第 ⑦ 连升三级 ⑧ 马上封侯 ⑨ 飞黄腾达 ⑩ 官上加官

3. 表示长寿多福的图案：

① 松鹤延年 ② 鹿鹤同春 ③ 龟鹤齐龄 ④ 福禄寿喜 ⑤ 五福捧寿 ⑥ 福寿双全 ⑦ 福寿三多 ⑧ 寿比南山 ⑨ 三星高照 ⑩ 长命富贵、玉堂富贵

密玉 献寿（王冠军）

33×18×12cm

艺术点评

在传统的玉文化中，人们往往把鲜桃与寿紧密联系在一起，寓意健康长寿。该作品最大的特征是充分利用了原材料色彩的特点，巧妙地进行择色，并进行色彩的自然过渡，对比鲜明，雕工精巧，尤其是镂空技法，刀法犀利，技艺纯熟，十分难得。

黄龙玉 寿星（徐世能）

13×9×8cm

4. 表示多子多孙的图案：

① 连生贵子 ② 麒麟送子 ③ 流传百子 ④ 送子观音 ⑤ 瓜果累累

5. 表示喜庆的图案：

① 二龙戏珠 ② 龙凤呈祥 ③ 喜上眉梢 ④ 双喜临门 ⑤ 岁岁平安 ⑥ 五谷丰登 ⑦ 报喜图

白玉 双喜临门（刘国皓）
8×6×5cm

独山玉 圆圆满满（陈鹏旭 潘永奇）
5cm（直径）

6. 家和兴旺类的图案：

表示希望夫妻和睦、家庭兴旺的玉佩图案主要用鸳鸯、并蒂莲、白头鸟、鱼、荷叶等表示。这类图案的玉佩往往作为结婚喜庆的礼品相赠，表示夫妻恩爱、家和万事兴。

和合如意：盒、荷、灵芝。盒、荷喻“和合二仙”，灵芝喻如意。指人事和睦，事业兴旺，繁荣昌盛。盒、荷与和、合同音，多比喻夫妻和睦，鱼水相得。和合如意寓意夫妻和睦则福禄无穷。

百年和合：荷花、盒子、百合。中国民间把白头鸟比作夫妻恩爱、白头偕老；牡丹花为富贵花，是繁盛的象征。图案既表达了夫妻恩爱百年，又是生活富贵美好的象征。

7. 安宁平和类的图案：

表示人们对安定、平和生活的向往。代表的玉佩图案主要为宝瓶、如意等，给一些常年在外工作或生活漂泊不定的人佩戴，以寄托家人对他们的平安祝愿。

艺术点评

玉雕界内的人都知道，玉器种类中串手镯和制作器皿件对玉料的要求十分苛刻。一是地要好，不能有杂质；二是水要足，玉料不能干巴巴的；三是色要正，白玉要羊脂，翡翠色要阳；四是料要完整，没有裂纹。串手镯的工艺要求相对较低，做器皿件就不同了，作者能在众多的治玉“高手”中脱颖而出，足以看出他的功力。这件素面双耳白玉瓶，高27厘米、宽12厘米，通身洁白温润，造型独特，典雅别致，瓶体素面，瓶耳作简约凤纹，瓶盖处圆雕羊头瓶下端作缠枝纹相连，圈足，工艺极为精湛，风神娟秀，十分养眼。

白玉瓶（杨文双）

27×12×10cm

平平安安：一个花瓶和两只鹌鹑。瓶寓平，“鹌”则为“安”，祝愿万事顺意。

富贵平安：在花瓶插有一枝牡丹花。牡丹为花中之王，表示尊重、富有，花瓶则为平安之意。

竹报平安：爆竹或竹、鹌鹑。过去以爆竹声来驱逐山鬼，表示驱除邪恶，祈祷安宁之意。

白玉 平安牌（刘国皓）

12×6×2.5cm

青玉 三足鼎（魏玉忠）

艺术点评

鼎是我国青铜文化的重要标志，被视为国之重器、权力的象征。鼎有三足鼎，也有四足鼎，又可分为有盖鼎和无盖鼎两种。在中国玉文化历史上，能够存世的青铜鼎较多，玉鼎甚少，究其原因是玉鼎对玉料的要求很高，不仅要求玉料体积大，而且要求色泽一致，还不能有瑕疵等。这件青玉鼎，散发着神秘气息，诉说着远古的故事，传承着玉文化的元素，作品文化底蕴丰厚，体型硕大，造型考究，质润色美，工艺上乘，是一件难得的藏品。

8. 辟邪消灾类的图案：

表示人们希望在神灵保护下，生活顺利、事业顺心、身体健康、万事如意。代表性的玉佩图案用观音、佛、钟馗、关公、张飞等来表示。

白玉 门神 一对（张红哲）

44×33×2.5cm

艺术点评

门神，传说是能捉鬼的神荼、郁垒。东汉应劭的《风俗通》中引《皇帝书》便有这方面的记载，后来人们便用两块桃木板画上神荼、郁垒的画像，挂在门的两边来驱鬼辟邪。然而，真正史书记载的门神不是神荼、郁垒，而是古代一个叫成庆的勇士，在班固的《汉书·广川王传》中就有记载：广川王（去疾）的殿门上曾画古勇士成庆的画像，短衣长裤长剑。到了汉代，门神的位置便被秦叔宝和尉迟敬德所取代，直到今天依旧如此。

此作品正是以秦叔宝和尉迟敬德为题材，选优质的白玉精雕细刻而成，他们二人手持神鞭和宝器，一人降龙一人伏虎，人物的面部表情尤为传神，恶龙和猛虎在他们脚下服服帖帖，是一对难得的佳品。

在民间有“男戴观音女戴佛”的说法，主要祈求观音和佛对人们身体、生活和工作的保佑。当人们身体不适，会佩戴如钟馗、关公等玉佩，期望能尽快驱除病魔，使身体康复，从精神上给人一种安慰。

玉佩中的中国传统图案形式多样，寓意深刻，数不胜数。它汇集了中华玉文化的丰富内涵，是华夏传统文化百花园中一朵光彩夺目的奇葩。玉佩与其他珠宝饰品不同的是，在对人们进行装饰的同时，更在乎人们的精神感受，已成为人们精神寄托的直观物质表达形式。在强调个性化和注重精神感受的现代，佩戴蕴藏有丰富东方文化内涵的玉佩，将更能体现出自己的个性、品味和民族气质。

9. 其他类的吉祥图案：

① 诸事遂心 ② 事事如意 ③ 四海升平 ④ 雄霸天下 ⑤ 争雄夺冠 ⑥ 八宝联春 ⑦聪明伶俐

白玉 事事如意（苏明奇）

12×5×4cm

（二）常见吉祥用语

一品清廉、二龙戏珠、三阳开泰、四季平安、五子登科、六合同春、七子团圆、八仙祝寿、九九归一、十全富贵、百事大吉、一帆风顺、三星高照、八仙过海、一路连科、四海升平、三元及第、五谷丰登、鱼跃龙门、望子成龙。

白玉 五子登科（张红哲）

12×6×2.5cm

（三）吉祥类玉器造型及题材

1. 人物：

传说人物：牛郎织女、八仙过海、精卫填海、画龙点睛。

神话人物：五子闹钟馗、龙女献宝、天女散花。

佛教人物：观音、佛、五子闹佛、十八罗汉。

道教人物：全真七子、长春收徒。

宫廷人物：十三棍僧救唐王。

历史人物：苏武牧羊、竹林七贤、东坡品茶、渊明赏菊。

白玉 降龙罗汉（张红哲）
12×6×5cm

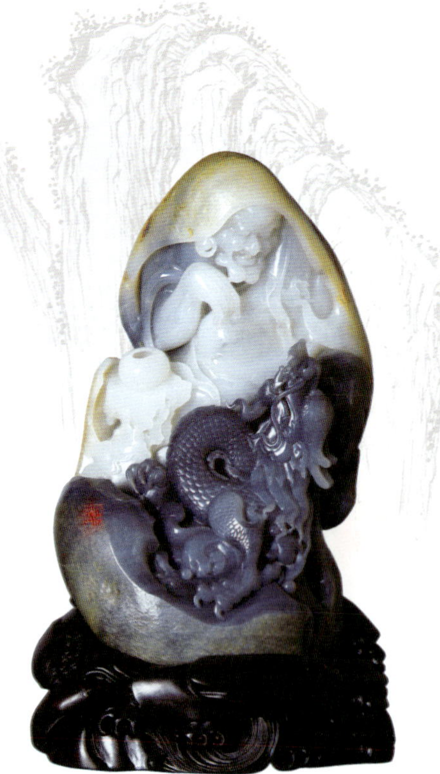

青花籽料 降龙罗汉（张红哲）
20×16×12cm

艺术点评

降龙罗汉为十八罗汉其中之一，是指佛教传说中十八位永驻世间护持正法的阿罗汉，都是释迦摩尼的弟子，均是历史人物。唐代初期仅有十六罗汉，至清代乾隆年间，乾隆钦定：十七罗汉是降龙罗汉（迦叶尊者）、十八罗汉是伏虎罗汉（弥勒尊者），自此十八罗汉就以御封为准了。

此作品为上乘的青花籽料精雕而成，玉质十分优美，就料质而言，在市场上已难得见到。此外，作者巧用俏色，把上半部的羊脂白色雕成栩栩如生的罗汉，而下半部分青色的玉质雕刻成一个张牙舞爪的青龙，雕工极佳，不仅符合了青龙祸害百姓、罗汉降龙的传说，而且寓意十分吉祥。

小说人物：唐僧取经、桃园三结义、黛玉葬花。

戏剧人物：莺莺听琴、盗仙草、盗灵芝。

2. 动物：包括鸟、兽、虫、鱼等

① 飞黄腾达——鸟、黄瓜 ② 锦上添花——锦鸡 ③ 虎虎生威 ④ 事事如意——狮子 ⑤ 一鸣惊人——蝉 ⑥ 龙凤呈祥 ⑦ 一国两制——蝈蝈、蝉 ⑧ 龙马精神 ⑨ 望子成龙 ⑩ 生生不息——龟 ⑪ 八方来财——螃蟹 ⑫ 金玉满堂——鱼

独山玉 奶牛（王东光）

18×26×12cm

艺术点评

红日依山，猛虎归林，高瞻远瞩，前程似锦，作品给我们营造出一种祥和、恢弘的气势与意境。作者运用不同深浅的浮雕处理手法，将皮色运用发挥到极致，上实下虚，色彩由深至浅，由坚实至空灵。猛虎的造型严谨浑朴，皮毛工整致密，毛色几可乱真。从设计创意到雕刻处理，都不失为一件精品。

白玉 老虎牌（沈水富）

12×6×2.5cm

3. 花卉：① 出类拔萃——竹笋 ② 国色天香——牡丹 ③ 一品清廉——莲

翡翠 白玉兰（姜志明 杨晓勇）

66×40×18cm

翡翠 白玉兰（姜光明 王学礼）

25×22×10cm

4. 山水：高山流水、畅游、崇岭旭日、太行风光。

5. 盆景：葡萄、寿桃、发财树、花篮。

6. 生肖：十二生肖。

7. 器皿：玉碗、玉瓶、玉罐、玉盘、玉杯、香炉、花薰。

8. 饰品、佩件：项链、手链、手镯、戒指、耳环坠、鸡心、吊环、簪子、帽花。

9. 实用保健品：鼻烟壶、烟嘴、纽扣、健身球、印章、领带夹、发卡、枕巾、座垫、按摩器、茶具、酒具。

青玉 茶具（魏玉忠）

12 × 22 × 10cm

白玉 茶具（杨文双）

10. 印章：

名石印章鉴赏：中国的四大名石为寿山石、青田石、巴林石、昌化石，同属于工艺美术石材中的著名彩石，以其色彩绚丽、质地细腻、纹理自然、硬度适中，倍受篆刻家及雕刻家的青睐，也称为我国的“四大印石”。

寿山石，产自福州市北郊与连江、罗源交界处的“金三角”地带，在宝石和彩石学属彩石大类的岩石亚类，约有一百多个品种，可分为“田坑”、“水坑”和“山坑”，硬度为摩尔2.5~2.7之间。其特点是“细、洁、润、腻、温、凝”，质洁如玉，柔而易工，故有“一寸田黄三寸金”之说，已有1500年的开采历史。

青田石，产自浙江省北部青田县，属叶腊石类，质地坚实细密，温润凝腻，色彩丰富，花纹奇特，易于篆刻，有黄、白、青、绿、黑、灰等多种颜色，共有10大类108种，与寿山石色彩浓郁相比，更偏重清淡、雅逸，其中名品包括微透明而淡青中略带黄的封门青、晶莹如玉而“照之璨如灯辉”的灯光青、色如幽兰而通灵微透的兰花青。这“三青”与田黄、鸡血并称为三大佳石，其中备受赞誉的封门青，矿量奇少，色泽高雅，质地温润，以清新见长，带有隐逸淡泊的意蕴，被誉为“石中之君子”。

寿山石 印章

8×4×4cm

青田石 印章

10×3×3cm

昌化石，产自浙江省临安的昌化镇，石色质嫩，适合于制作精美的雕琢摆件，其中有部分矿石经过朱砂的渗染，形成世界上罕有的“鸡血石”，可称之为石中珍贵品种。昌化石比寿山石和青田石硬度稍大，颜色有白、黑、红、黄、灰等。

巴林石，产自中国内蒙古自治区赤峰市的巴林右旗，学名叫叶腊石，巴林石色泽斑斓，纹理奇特，质地温润，神灵毓秀，软硬适中，适于篆刻印章或雕琢精细的工艺品，早在一千多年前就进行了开发，并作为贡品进奉朝廷，被一代天骄成吉思汗称为“天赐之石”。巴林石大体上可分为鸡血石、福黄石、冻石、彩石，其文化内涵十分丰厚，它不仅涵盖赤峰地区远古文明的红山文化、草原青铜文化、契丹辽文化和蒙元文化的深厚底蕴，而且以精美的石文化，在人类文明发展史上写上浓墨重彩的一笔。

鉴赏印石把握四点：一是通透度。能透光的称之为冻石，不能透光的称之为粗石。名贵的印石都是能透光的冻石，如油冻、肉冻、水冻、晶冻等，石章的通透度应为越透越好。二是纯净度。石越纯净，品质越高。三是色彩鲜艳度。无论红、黄、蓝、白、绿，石色要鲜、艳、正为上品。四是印石块度。质量同等的名贵印石重量越重，体积越大，其价值越高，其形状当以方章为佳，有裂纹云石最不可取。

昌化石 印章

10×3×3cm

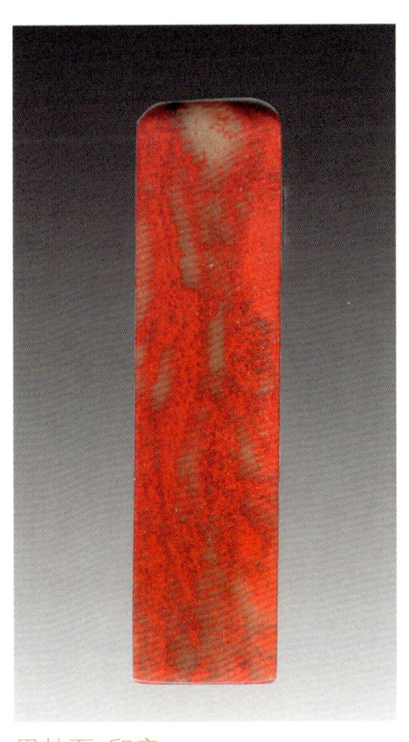

巴林石 印章

10×2.5×2.5cm

11. 把玩：

把玩件加工工艺要求极高，在方寸之间要体现大摆件的意境，十分不易。把玩件以圆雕为主，甚至有的只做一部分，达到以小见大的目的，透雕和镂空的极少。在视觉上要满足微型山子的观感效果，在触觉上要达到圆润滑顺、温润感强、对手掌的主要穴位有刺激效果。同时，要大小、厚薄适宜。大则手掌把握不住，且玉石份量较重，不宜把玩；小则失去了把玩功效，只能做小饰品件；薄则手在把玩时不舒适，只能做牌子。

国人玩赏把玩件的目的是健身强体。把玩件实际并不是近年来新兴的玉器种类，而是起源于宋代的“疙瘩件”，只是“疙瘩件”没有完全兴起来，且宋代的“疙瘩件”是用白玉籽料雕琢的，到元、明、清时把玩并不多。但到了现代，把玩件逐渐兴起，各类玉种的把玩件琳琅满目，令人目不暇接，特别是白玉手把玩件，玉质温润细腻，色泽如脂如腴，题材又吉祥安康，种类繁多，既可观赏，又可把玩，非常适合有身份的成年人。在聚会的酒局之上，或饭后茶余，人们将其把玩在指掌之间，在强身健体的同时，还可以相互交流，联络情感，体味中国玉文化之精奥。

白玉 两小无猜（刘国皓）

9×6×5cm

白玉 流水生财（刘国皓）

8×5×4cm

白玉 高瞻远瞩（丁功博）

12×6×4.5cm

12. 玉摆件：

玉摆件大致出现在宋代以后至明清时期。这主要得益于玉料来源的拓宽和手工业加工技术的发展，使得人们可以对坚硬的玉矿石进行更加精细、快捷的加工。明代的玉摆件较少且小，多以人物为主，如秋山图、玉山子、人物雕像、动物等。所用玉料多为青玉、青白玉及黄玉，也有其他杂玉的。清代出现了大型玉摆件，白玉《大禹治水图》是这一时期特大玉摆件的典型代表。清代玉摆件做工也更加复杂精细，民间玉器以两江产量最多，最负盛名的碾玉中心是苏州专诸巷，玉器精致秀美，内廷玉匠也多来自该地。扬州玉器制作豪放劲健，特别善于碾雕几千斤甚至上万斤重的特大料玉器。此时的玉器多以传统故事为题材进行艺术加工，善于借鉴绘画雕刻工艺美术的成就，集阴线、阳线、平凹、隐起、镂空、俏色等多种传统做工及历代艺术风格之大成，又吸收了外来艺术营养并加以融合，创造与发展了工艺性、装饰性极强的玉器工艺，有着鲜明的时代特征和极高的艺术造诣。题材如人们熟悉的八仙过海、群仙祝寿、携琴访友、十八学士等等。玉质以羊脂白玉为妙，黄玉极少。

独山玉 江南雨巷 局部（陈鹏旭 潘永奇）

独山玉 江南雨巷（陈鹏旭 潘永奇）

45×20×18cm

白玉 凤仪亭（柴艺杨）

65×35×25cm

艺术点评

白玉作品《凤仪亭》是由一块罕见的天然山流水料雕刻而成，红皮黄肉，玉质润黄细腻，皮色天然通红，外形优美壮观，红黄相映，实属难得。且设计构思巧妙，人物雕刻尤为传神，凤仪亭旁、古松之下，盖世英雄吕布与绝代佳人貂蝉演绎着千古佳话。

现代的玉摆件玉料更加广泛，白玉、翡翠、独山玉、碧玉、玛瑙、珊瑚、岫玉等全世界100多种玉石，几乎都可以做摆件。由于电动工具的出现和科技的发展，做工也更加精细，达到了空前的境地，甚至鼎盛的清代玉雕加工工艺也不及现代工艺的精细。玉摆件的种类也更加广泛，诗歌、神话故事、历史、典故、田园风光，应有尽有，尤其是以镇平为代表的河南玉器创造了独山玉田园山子雕的新品种，以中原地区的田园风光为题材，创作了一大批足可以传世的作品，如独山玉《太行春早》等。此外，中国玉石雕刻大师、中国青年玉石雕刻艺术家张克钊，创出了独山玉《黑白趣人》的新题材，独山玉《妙算》、《心路》享誉业内外；玉雕名家王东光创出了独山玉《美女形体》的新题材，集中西文化于一体。

13. 历史典故、历史事件：夜游赤壁、九龙晷（迎回归）、奥运之光、苏武牧羊。

14. 文学作品、诗词情节：望庐山瀑布、回乡偶书、松下问童子、牧童遥指杏花村、西厢记、红楼梦、茶馆、三味书屋。

15. 推陈出新的创作：脚踏实地、平步青云、醉卧清风、浴、妙算、雄霸天下、满载而归、孜孜不倦、甜蜜蜜、和谐家园、出类拔萃、千秋美食宴。

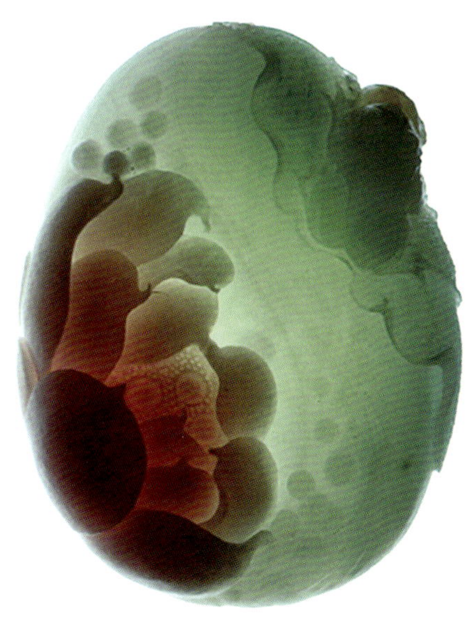

独山玉 荷塘月色（陈鹏旭 潘永奇）

12×9×7cm

艺术点评

作者采取以小见大、以局部见全面的手法，充分利用独山玉白里透红的色彩，将白色做成月色下水银泄地的湖面，将红色做成一朵盛开的荷花。就工艺而言自然属于一流水平，就创意而言的确让人匪夷所思。月色朦胧，月色下的荷塘景色自然是一片朦胧，观看作品的人们思绪也自然是朦胧的，诗意盎然，水气氤氲。

独山玉 饭晌 群组（张克钊）

艺术点评

“饭晌”的艺术风格可概括为“独”、“力”、“绝”、“大”。“独”者，是作品有明晰的艺术风格、地域特色和浓郁的乡土气息，不依门户，自成一体。既是地域的，也就当然是世界的。“力”者，是其心力。作者出生在农村，对农村的生活体会入微。因此，在他刀下的农村人物，信手拈来，便神韵活现，每件作品都蕴涵作者的思想意境，正所谓心到、力到、神韵到。“绝”者，是其作品择色精绝，自2002年独山玉《妙算》横空出世后，在全国玉雕界引起了巨大的反响，接着是独山玉《恩爱百年》、《茶馆》、《心路》等一系列足可以传世的作品先后问世，用中国工艺美术大师宋世义先生的话说，“独山玉作品《心路》应当收藏进中国工艺美术馆，其艺术价值之高，是可以用国宝来定论”。张克钊先生便是这创造奇迹的人。“大”者，是其作品的场景大，可谓之大手笔。此作品就是其中的代表作，《饭晌》中共有九个人物，属人物群雕形式，或挑水准备做饭，或边吃边谈，或喂孩子吃饭，或两人争夺食物，或俯在地上观察，个个择色精妙，人人各俱神韵，石桌石凳，辘轳石磙，使人倍觉贴切入微，乡土气息浓郁，由此也可以窥视出作者的非凡功力。

三、宝石与婚俗文化

西方关于结婚周年纪念的称谓如下：

十五年——水晶婚

十六年——黄水晶婚

十七年——紫晶婚

十八年——石榴子石婚

二十年——白（铂）金婚

二十五年——银婚

三十五年——珊瑚婚

四十年——红宝石婚

四十五年——蓝宝石婚

五十年——金婚

五十五年——翡翠婚

六十年——钻石婚

密玉 天长地久（王冠军）

65 × 33 × 20cm

艺术点评

作者在创作上擅于对俏色的合理运用。玫瑰象征真挚纯洁的爱，人们多把它作为爱情的信物，九朵玫瑰寓意“天长地久”，真挚爱情是该作品的主题，很有时代感和生活气息。作者能够跳出传统的窠臼，不拘形式地进行新的尝试，在继承传统玉文化的同时，进行大胆创作，这本身就是作者创作艺术水平的体现。

四、宝石与生辰

一年十二个月份的生辰石及其寓意如下：
一月石榴石——忠诚、友善、真实。
二月紫晶——诚实、机运、健康。
三月海蓝宝石——勇敢、聪明、幸运。
四月钻石——坚强、纯洁、永恒。
五月祖母绿、翡翠——幸福、爱情、忠诚。
六月珍珠、月光石——美丽、富贵、长寿。
七月红宝石、变石——热情、仁爱、尊严。
八月橄榄石、独山石——恩爱、成功、和平。
九月蓝宝石——安祥、慈爱、高贵。
十月欧泊——热烈、欢乐、希望。
十一月水晶、黄玉——友爱、智慧、希望。
十二月绿松石、青金石——爱情、幸福、成功。

白玉 青春（孟庆东）
18×8×6cm

艺术点评

作品时尚潮流，人物夸张生动，结构层次分明。一位妙龄少女犹如出水芙蓉，秀发披肩，玉体丰满，腰肢纤细柔美，尽展少女妩媚，观之如梦如幻。

玛瑙 柔姿（陶 巍 杨克全 潘文龙）
130×140×80cm

玉文化与礼仪文化

翡翠 三足炉（张保国）

38×36×22cm

艺术点评

作品精光内蕴，鼓腹、胫内敛，炉体厚实而灵动，弦纹线条挺劲，三兽短足外张，玉炉造型精美，轮廓清晰，圆满丰腴，玲珑剔透。

中国是四大文明古国之一，号称礼仪之邦，而我国的礼仪文化起源于“三礼”制度，即《周礼》、《仪礼》和《礼记》。

《周礼》是儒家经典，西周时期的著名政治家、思想家、文学家、军事家周公旦所著，所涉及的内容极为丰富，大至天下九州、天文历象，小至沟洫道路、草木虫鱼。凡邦国建制，政法文教，礼乐兵刑，赋税度支，膳食文饰，寝庙车马，农商医卜，工艺制作，各种名物，典章制度，无所不包，堪称上古文化之宝库。《周礼·春官·大宗伯》中对“六瑞”的使用规定为“以玉作六瑞，以等邦国。王执镇圭，公执桓圭，侯执信圭，伯执躬圭，子执谷璧，男执蒲璧。”而且这些规定是以玉器的尺寸大小、形制来区分的，其中镇圭最大，桓圭次之，信圭再次，而地位最低的男爵则使用具有蒲纹的璧形玉器。

白玉 莺歌燕舞（张红哲）

10×5×4cm

白玉 锦上添花（张春明）

9×5.5×4cm

艺术点评

《锦上添花》这件作品盛开的鲜花和金鸡寓意宝贵吉祥，比喻好上加好，美上更美。作品玉质洁白温润，皮色天成华贵，雕工刀法老到利落，一气呵成。

《仪礼》共有一百多卷，是我国早期一部详细的礼仪制度章程，告诉人们在各种场合下应该穿何种衣服，站或坐在哪个方向位置，如何去做。据《仪礼》载，天子、诸侯、大夫常所践行的礼有：七冠礼、七昏礼、士相见礼、乡饮酒礼、乡射礼、燕礼、公良大夫礼、觐礼、聘礼、七丧礼、丧礼等等。

白玉 辣椒（赵显志）
8×5×4cm

白玉 路（刘国皓）
9×6×2.5cm

《礼记》是我国古代一部重要的典章制度书籍，两汉礼学家戴德编定《大戴礼记》，他的侄子戴圣编定《小戴礼记》，其中数篇可能是孔子的七十二高徒弟子及门生的作品，还兼收先秦的其他典籍。其主要内容是记载和论述先秦的礼制、礼仪，解释仪礼，记录孔子和弟子的问答、记述修身作人的准则，内容广博，门类杂多，涉及到政治、法律、道德、哲学、历史、祭祀、文学、日常生活、历法、地理等诸多方面，几乎包罗万象，集中体现了先秦儒家政治、哲学和伦理思想，是研究先秦社会的重要资料。如《礼记·玉藻》记载“天子佩白玉而玄组绶；公侯佩山玄玉而朱组绶。大夫佩水苍玉而纯组绶，世子佩瑜玉而綦组绶，士佩瓀玟而蕴组绶”，这更说明，什么样的身份等级需要佩戴何种色质的玉，显然佩什么颜色的玉是由政治地位决定的。

河磨玉　明月清风（刘国皓）

9×5×2.5cm

河磨玉　清音（刘国皓）

12×5×2.5cm

《周礼》、《礼记》、《仪礼》合称“三礼”，对中国文化特别是玉文化产生过深远的影响，其中礼玉的“六器”，即玉璧、玉琮、玉圭、玉璋、玉琥、玉璜，就是根据“三礼”的相关重要思想而制作，按照“三礼”的规定使用的，这是狭义上的礼仪文化。从广义上讲，还有唐代的玉絝、清代的朝冠、朝珠和玉扳指等，都是依据《三礼》的思想和内容制作和使用的。这些与玉相关的“六器”、“玉绔”、“朝冠”、“朝珠”、“玉扳指”等，在长期的制作使用及收藏过程中，形成了相关的礼仪制度，积淀了丰厚的礼仪文化内涵，为历朝历代制定礼仪奠定了基础。我们从中可以清晰地看到中华民族走向文明的足迹，号称“礼仪之邦”的中华古国礼仪典章，正孕育成长在丰厚的玉文化土壤之中。

独山玉 煮肥羊（江广森 陈鹏旭）
86×40×18cm

一、“六瑞”

1. 玉璧（瑗、环、玦）

玉璧是一种中央有穿孔的扁平状圆型玉器，为我国传统玉礼器之一，也是“六瑞”之一。《尔雅·释器》载：“肉（器体）倍好（穿孔）谓之璧，好倍肉谓之瑗，肉好若一谓之环”。根据中央孔径大小把这种片状圆形玉器分为玉璧、玉瑗、玉环三种。另外，还有一种周边有一小缺口的环，叫做玦，实际上应该是玉璧、玉瑗、玉环、玉玦四种。

① 玉璧：六瑞之首，是一种中心有孔的片状圆形玉器，“肉倍好谓之璧”，在“三礼”（《周礼》、《仪礼》、《礼记》）中占有重要地位。玉璧起源于环，首先是一种装饰品，也有人认为源于人们对日月神的崇拜而演绎形成的。战国到西汉是玉璧的鼎盛时期，用料十分讲究，制作工艺极佳，花纹形式多变，饰纹种类丰富，使用范围广，数量也属历代之冠。从璧的工艺演变轨迹看，新石器时期的璧多素面，商周时代的璧厚薄不均，器形也不圆；春秋战国的璧也带有纹饰，纹饰以云纹、谷纹、几何纹为主，边缘附加雕饰的极少，但非常规整和精致。家喻户晓的楚人卞和献宝故事和《史记·廉颇蔺相如列传》记载的“完璧归赵”故事，都以玉璧为主角。汉代以后就基本不见璧了。

玉璧有大璧、谷璧、蒲璧之别。大璧，直径一尺二寸，天子礼天下之器。《周礼·考卫记》载："璧琮九寸，诸侯以享天子"，说明王者用玉的严格规定。谷璧，饰有谷形，取善人之意。蒲璧，琢饰纹为蒲形。三者统称为拱璧，因为须用手拱执之。在这三种玉璧之外，还有一种乐璧。其含义为：一是皇天上帝的象征；二是君主和政权的象征；三是吉祥和瑞兆的象征。

玉璧的用途是：一是祭器，用作祭天、祭神、祭海、祭河、祭星等；二是礼器，用于礼天或作为身份的标志；三是饰品；四是作砝码用的衡；五是辟邪和防腐，战国至秦汉的墓葬中，一般都有玉璧作为陪葬，表明墓主人有一定的身份和地位。

西汉 龙纹璧

艺术点评

此龙纹璧为西汉时期玉器，代表汉代玉器的工艺水平，现收藏于中国国家博物馆。

艺术点评

此玉璧为红山文化时期的玉器，长6.5厘米、宽4.1厘米，现收藏于中国国家博物馆。此璧上窄下宽，扁平状，中部皆有圆孔，两侧联处雕琢对称，窄缺口，边沿有刃，顶部有圆形穿孔便于悬挂佩戴。联璧除双联外，也有三联的形式，迄今为止仅在红山文化和凌家滩等文化中发现，存世极少。联璧的制作工艺虽然不及圆形玉璧繁杂，但其精细程度非常高，应是当时使用的特殊礼仪用玉。

红山文化 双联璧

新石器时代 玉璧

艺术点评

新石器时代红山文化玉璧，宽8.3厘米、高8.2厘米，现收藏于中国国家博物馆。红山文化除少量圆形璧外，还独有外廓和中心孔为圆角方形或四角均为直角的方璧，一般中间厚、四周薄，通体素面无纹，边缘打磨如刃状。除中心大孔外，璧边缘通常还钻有1~3个小孔。

② 玉瑗：按“肉倍好”的说法，瑗则正好相反，是“好倍肉”，即中心圆孔的径长是边部玉璧的2倍。瑗的作用是皇帝戴在手臂上，仆人扶天子时的触摸物。因为在古代，侍奉皇帝的太监或仆人，是不能用手去扶皇帝的龙体的，因此就专门制作了玉制的瑗，让皇帝戴在手腕上，太监或仆人扶皇帝时就扶住瑗。

艺术点评

直径6.5厘米、内孔4.2厘米，1951年出土于河南辉县固围村，现收藏于中国国家博物馆。此器圆环形，两面纹饰相同，局部尚残留朱砂痕迹。瑗内外边缘分别阴刻同心圆，两圆间雕琢勾连云纹，且云纹细密均匀，在瑗表面上排列三层。

战国时期 勾连云纹瑗

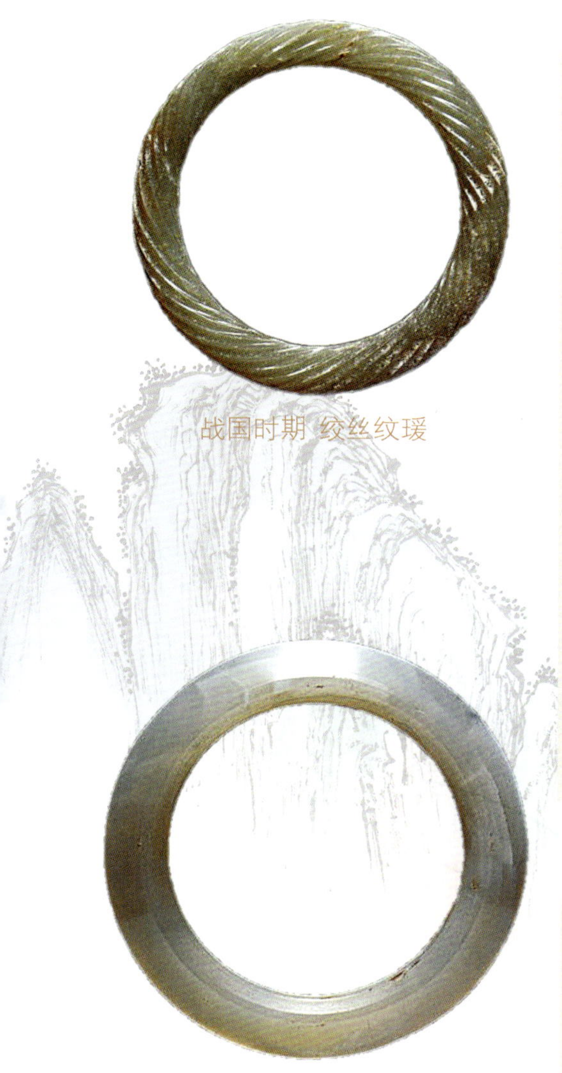

战国时期 绞丝纹瑗

春秋晚期 玛瑙玉瑗

艺术点评

直径7.5厘米、孔径5.8厘米、厚0.8厘米，现收藏于中国国家博物馆。绞丝纹又称绳纹、扭丝纹等，因其纹线阴阳相间，形如扭曲的束丝而得名。这种纹饰最早的玉器实物见于良渚文化的玉镯，镯内侧光直无纹，外围呈半圆，雕琢绳纹，属于半绞丝纹的形式。春秋战国时期是绳纹玉的鼎盛时期，均为贵族使用，绳纹较为细密，呈360度斜向绞圈，为真正的绞丝纹玉器。此器环形，断面呈椭圆形，两面纹饰相同，均以斜阴线琢刻相互不交叉的粗线绞丝纹。

艺术点评

春秋晚期玛瑙玉瑗，现收藏于中国国家博物馆。

③ 玉环：是一种圆形而中间有孔的玉器，形状与镯类似。《尔雅·释器》说玉环的形制是边玉宽度和中心孔的直径相等，但在实物中也有孔径大于边缘长度的，玉环古代一般用作佩饰。《韩非子·说林下》：“吾好佩，此人遗我玉环”。唐代张籍《蛮中》诗：“玉环穿耳谁家女，自抱琵琶迎海神。”玉环起源于新石器时代，一直延续到明清。新石器时代玉环的基本造型为扁平的圆形状，多为白玉、黄玉制作，整体圆整光滑，内外壁平直，有的环上对钻

有小圆孔，孔壁斜直。玉环中心稍厚，边缘较薄，通体磨光，制作精致。战国玉环种类很多，有丝束环、云纹环、谷纹环、三龙外蟠环及玛瑙环。汉代时玉环多用于成组佩玉的中部，直径较小，环表面饰典型的汉代纹饰，如勾云纹、四灵纹、螭纹等。唐代玉环圆形，体较薄，琢成内外六瓣莲花形，束腰。宋代有扁圆形玉环，明清两代多雕团龙纹、蟠螭纹玉环。龙身多饰鱼鳞纹，旁边衬卷云纹。

战国时期 谷纹环

艺术点评

战国时期的谷纹环，直径6.5厘米、孔径2.5厘米、厚0.5厘米，1957年出土于河南信阳长台关一号墓，现收藏于中国国家博物馆。环内外缘各有一周阴刻线，形成内边外廓。两条线内雕琢谷纹，并排列成行，错位相对。

艺术点评

西周人龙纹环，直径12.5厘米、孔径5.1厘米、厚0.2厘米，现收藏于中国国家博物馆。在周代玉器中，人、龙合一的题材应用比较普遍，可能是受当时“以佩象德”风尚的影响所致，将现实与神话中的两个对象予以组合，从而诞生出人龙共处，合体或联体等奇异造型。此器圆形，中部有圆孔，肉好若一，背面光素无纹，正面雕刻两组人、龙合体共身的图案，并饰眼目纹、勾云纹和弧线纹等。

西周时期 人龙纹环

④ 玉玦：玉环有缺则为玦。玦是我国最古老的玉制装饰品，主要被用作耳饰和佩饰，小玉玦常成双成对出土于死者耳部，类似今日的耳环，较大体积的玦则是佩戴的装饰品和符节器。新石器时代玉玦制作朴素，造型多为椭圆形和圆形断面的带缺环形体，光素无纹。商代玉玦呈片状，尺寸一般在5~10厘米，分两种类型，一种是光素的窄环；另一种为龙形玦。周代玉玦仍作片状，肉部明显宽于商代，中孔较小，并出现椭圆形玦。春秋战国玉玦数量最多，但体积小，一般直径在3~5厘米，普遍饰有纹饰，主要是当时流行的风格细密的蟠螭纹、蟠虺纹。汉代玉玦不多，风格沿袭战国，但小玦不及战国精致。此时出现一种10厘米以上的大玉玦，应是佩玉或符节器。宋以后出现了仿古玉玦，主要仿春秋战国造型，但纹饰不合古制，玦体比战国厚重。明清两代仿古玉玦，纹饰处理和雕刻刀法很难达到战国时自然流畅、锋利健劲的效果，往往徒具古形，缺乏意境。

玉玦的用途：一是佩饰；二是信器；三是寓意，佩戴者凡事决断，有君子或大丈夫气，如"君子能决断，则佩玦"；四是惩罚的标志。玦在后来的历史中演绎了多种功能，比如说用来作为信物。过去皇帝对哪位大臣不满的时候，发配其到边疆，如派人送去一个玉玦，就表示与其决断。但日后当皇帝想念这位大臣时，就派人送去一个玉环，"环"与"还"同音，意思是皇帝原谅了这位大臣，希望对方回来，这是玉环和玉玦在生活中带有政治色彩的含义。

新石器时代 玉玦

艺术点评

新石器时代玉玦，直径3.5厘米，现收藏于中国国家博物馆。此玉玦发现于内蒙古赤峰兴隆洼文化墓葬内，出土时位于人头骨的两侧，且缺口向上，应是耳环类的装饰品。此玦扁圆环状，中部有小圆孔。

艺术点评

商代龙形玦，直径5.9厘米、孔径2.3厘米、厚0.4厘米，为商王武丁时期的玉器，1976年出土于河南殷墟妇好墓。现收藏于中国国家博物馆。妇好墓出土玉玦数件，基本属于卷体玉龙的形式，承袭了新石器红山文化等早期玉龙的传统造型，但器身不如早期丰满，呈扁平状，纹饰多为线条勾勒的重环纹、雷纹和云纹等，龙角都紧贴在头部，一般不刻龙足，代表商代晚期玉龙的基本特征。此器圆环形，中部为大圆孔，一侧有小圆孔用于穿缀。龙首尾相望，张口露齿，“臣”字眼，顶有角，尾尖向外翻卷，背部雕成齿脊状。

商代 龙形玦

2. 玉琮

是一种外方、内圆、中间空的立体状瑞玉，在六器中排列第二。玉琮的黄金时代属于新石器时期，早期矮，晚期高，玉琮有的高达半米，有的重达十几斤，除少数圆筒外，多制成规整的内圆外方，中孔为管钻对穿而成，接处常留有两层，上面刻着复杂而精美的纹饰。商代以后琮就渐渐减少了。到了周代，玉琮的体形不但变小，而且制作工艺较为简单粗糙。殷墟妇好墓出土了两件有纹饰的玉琮，其中一件上下各饰一组弦纹，四角有凸棱，侧面饰竖道弦纹，比较少见。春秋战国时期玉琮的造型与西周相近，体形较小，部分玉琮刻有细致的兽面纹、勾云纹等纹饰。汉代以后就基本见不到玉琮了。宋代以后出现了仿古玉琮，尤其是明清两代琮和璧又大量制作，但都是以“仿古玉”的身份出现的，圆滑有余而古韵不足，熟旧的程度更难达到逼真的效果，完全没有了原来的古朴风格。

玉琮的含义有：① 祭祀用的大礼器之一。琮和璧相对，琮代表地，而璧代表天；琮适用于阴，璧适用于阳，故琮常象征地神，用以祭地。《周礼》曰：“以苍璧礼天，以黄琮礼地”，玉琮成为祭祀苍茫大地的礼器，巫师通神的法器。玉琮的造型是内圆（孔）外方，似是印证“璧圆像天，琮方象地”的传说。《淮南子》述“天圆地方，道在中央”，又说“圆者天也，方者地也，天圆而无端，故不得观；地方而无垠，故莫能窥其门”。《吕氏春秋》载：“天道圆，地道方，圣王法之所以立上下……王执圆，臣处方，方圆不易，其国乃昌”。② 琮是“玉”和“宗”的合写，象征着祖宗和宗庙，以比附万物之宗聚。③ 琮是王后和诸侯夫人的瑞玉，是母性的权柄。④ 琮是权势和财富的象征。玉琮于墓葬出土时，往往是规格高、规模大的墓葬，玉琮和玉璧常常同时出土。

良渚文化 玉琮

艺术点评

这件玉琮，高49.7厘米，现藏于中国国家博物馆。玉琮由墨玉制成，内圆外方，上大下小，中有穿孔，共19节，每四节雕成一简化戴冠人面或兽面神像，全器共有76个神像，是目前国内所见最高的玉琮。玉琮四边兽面纹已经高度符号化，以凸出的短横档表示嘴部、对称的双圈表示眼睛，并在外圈两侧刻出弧线三角形阴纹作为眼角，这类兽面纹还在许多玉饰上出现过。玉琮的近顶端阴刻有日月纹图案，应是天上世界的象征，反映出先民对太阳、月亮的崇拜，是大汶口文化大口陶尊上的代表性符号，有人认为这是早期的文字，也有人认为这是族徽，由此可见两个区域文化象征性元素融为一体，最直观地体现了良渚文化的融合与交流。

此玉琮规整的造型、高大的器体、细腻的雕琢与威严的纹饰，使玉琮具有一种庄重、神秘、肃穆之气。同时，也令人想到在那遥远的新石器时期，没有铜砣，没有铁砣，更没有电动工具，勤劳的先辈用双手雕琢出如此精美硕大的玉琮，让人叹为观止。

3. 玉圭

《说文》中称“剡上为圭”，指的是上部尖锐、下端平直的片状玉器，六器中排列第三，是祭拜东方之神的祀品。圭来源于新石器时期的工具石铲和石斧。因此，今天考古学界将新石器时代到商周的许多玉铲及长方形玉器都定为圭。真正标准的尖首圭始见于商代而盛行于春秋战国。商代的玉圭有两种形式：一种平首，圭身饰双钩弦纹；另一种尖首平端。周代的玉圭，以尖首长条形为多，圭身素面，尺寸一般长15~20厘米。战国时期出土的圭数量较多，其中不少为石制的，宽窄大小不一，均为素面。汉代以后玉圭从社会日常生活中消失。宋代以后，历代均有不少仿制品，但都不是真正意义上的玉圭。玉圭是“三代”朝廷的重要礼器，“三代”有两种解释：一是夏、商、周；二是商、周、汉。玉圭，是古代帝王、诸侯及高级官员们在官场上举办各种典礼仪式中，拿在手上的一种玉器。《周礼》曰：“王执镇圭，公执桓圭，侯执信圭，伯执躬圭，子执谷璧，男执蒲璧”。周天子为便于统治，命令诸侯定期朝觐，以便禀承周王室的旨意。为了表示他们身份等级的高低，周天子赐给每人一件玉器，在朝觐时持在手中，作为他们身份的象征。镇圭，长尺有二寸，天子守之。以四镇之山为缘饰，取安定四方、天下平定之义，故谓之“镇圭”。信圭，命圭七寸，谓之“信圭”，诸侯守之。顶尖锐，左右肩的两个角，雕琢像人身直立，其纹饰十分细致。躬圭，谷圭七寸，谓之“躬圭”，伯守之。顶端圆，左右两肩也圆。雕琢像人身弯曲状，其纹饰略显粗糙，取鞠躬不亢之意。另外，还有桓圭，即圭九寸，谓之“桓圭”，公守之。双植谓之“桓”，取桓楹以架屋之义，犹言栋梁柱石也。琬圭，圭之宛转其首为圆形者，长九寸而缫以景德，言诸侯有德，王命赐之，使者执琬圭。琰圭，圭之端为锐角，长九寸，是诸侯有不义行为时，使者征讨的信物。

艺术点评

战国时期的玉圭，高14.8厘米、宽5.4厘米、厚0.4厘米，1951年出土于河南辉县固围村，现收藏于中国国家博物馆。

战国时期 玉圭

4. 玉璋

在六器中排列第四，是祭山川所用的祭物，形状如圭，呈扁平长方体形，一端斜刃，另一端有穿孔。璋始见于新石器时代，山东龙山文化遗址出土过3件玉璋，为迄今最早的玉璋。西周的玉璋较少，器身窄长，尺寸较小，中略内凹，三角形端刃一尖长、一尖短，长方柄，扉牙之间亦饰平行阴线。春秋玉璋形状较多，或呈扁平条形素面无纹，或端刃内凹作弧形，或首端呈斜角。战国后几乎见不到玉璋了。东汉许慎在《说文解字》中说："半圭为璋"，必须用红色的玉制成。璋的种类，据《周礼》中记载有：赤璋、大璋、中璋、边璋、牙璋五种。《周礼·考工记》载"大璋、中璋九寸，边璋七寸，射四寸，天子以巡守"，又载"大璋亦如之，诸侯以聘女"。说明玉璋是天子巡守的时候祭祀山川的器物。各类璋大小厚薄不一，因所用之事不同而异。可分为三类：第一类"赤璋"，是礼南方之神用的；第二类"大璋、中璋、边璋"，是祭山川用的。大璋通身有纹，祭大山川时用。中璋纹占全身70%，是祭中山川时用的。小山川用边璋。所祭的如果是山，礼毕就将玉璋埋于地下；如果是川，礼毕就将璋投到河里。另外，还有一种璋为发兵时用，《周礼·典端》记载："牙璋以起军旅，以治兵守"。璋的下面有一牙，故称之为牙璋。璋的首部似刀，而两旁无刃，常被认为是玉刀。

玉璋

艺术点评

此玉璋通长38.2厘米，三星堆一号祭祀坑出土。器身呈鱼形，两面各线刻有一牙璋图案，在射端张开的"鱼嘴"中，镂刻有一只小鸟。鱼鸟合体的主题寓意深刻，可能与古史传说中古蜀王鱼凫有关。该器制作精美，综合运用了镂刻、线刻、管钻、打磨抛光等多种工艺，在选材上还充分利用玉质的颜色渐变，随形就势以表现鱼的背部与腹部，可谓匠心独具，巧夺天工。

5. 玉琥

六器中排列第五，雕琢成弧形，必须用白色的玉制成。据文献载，琥是以白琥的身份礼西方的，或以虎符的身份来发兵。但从目前出土玉琥的情况看，尚未见到发兵玉琥的实物。在考古发掘出土和传世的虎形玉器中，有圆雕、浮雕和平面线刻的虎纹，多作为佩饰之用。商代妇好墓出土的圆雕和浮雕玉琥各4件，均有孔，称为虎形玉佩，属于装饰品类，并不作发兵或祷旱之用，也不是仪礼中使用的瑞玉。因此，有人认为表面刻虎纹的玉器应该依器命名，前面加“虎纹”二字。对于虎形玉器，有孔的可称为虎形玉佩，无孔的可称为玉器。商代殷墟妇好墓出土的玉琥，现收藏于中国国家博物馆。汉代玉琥，高7.1厘米，宽19厘米，现被美国哈佛大学艺术馆收藏。汉代玉琥是我们见到的最漂亮的玉琥之一。

商代玉琥或作圆雕，或作薄片雕，昂首，圆眼或“臣”字眼，张口露齿，屈足作行走状，长尾后卷，身饰云纹等。西周的玉琥为扁平体，昂首，圆

白玉 虎虎生威（仵子辉）

12×4×4cm

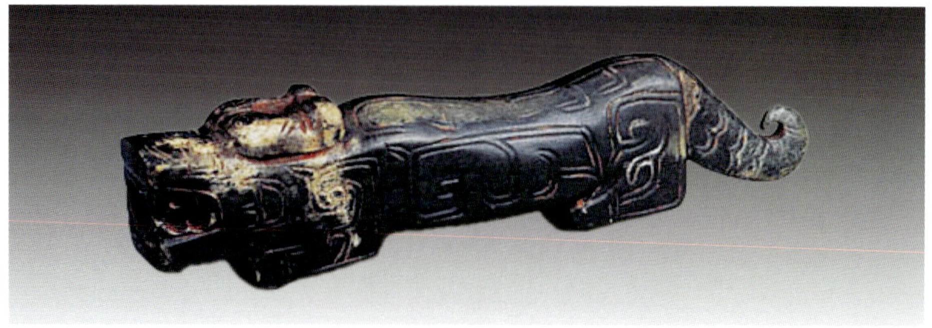

商代 玉琥

口，身细长，装饰简朴。春秋玉琥仍呈扁平状，俯首，或躬身、或直背，椭圆眼，身上以双阴线饰龙首纹、云纹等。战国的玉琥基本上承袭春秋玉琥的造型，但雕工更加精湛。汉代玉琥多以一种纹饰图案出现，单独的琥形佩其头部很像龙头，轮廓线边饰以绳纹。

金代的“秋山玉”中，琥的形象较多，一般作首蹲伏或回首伏卧状，圆眼细眉，简洁生动，表现了北方少数民族善狩精射的勇猛之气。元代玉琥作行走状，俯首，单眼圈，身以双阴线刻长短条斑纹。明清时期玉琥较多，细部刻画一丝不苟，注重坚实，尤其对琥的神态雕刻得惟妙惟肖，入木三分，以体现琥的威猛之美。

6. 玉璜

在六器中排列末位，是专门用来礼北方之神的祭玉，必须用黑色的玉制

良渚文化 玉璜

艺术点评

战国云兽纹青玉璜，1950—1951年河南省辉县固围村一号墓葬坑出土，现收藏于中国国家博物馆。这件玉璜由十块和阗青玉和两个鎏金青铜兽首衔接而成，玉璜中间五块玉以铜片穿连，其铜片从五块玉中穿出，左右两端各饰鎏金青铜兽首，分别衔透雕椭圆形玉，铜玉衔接严密吻合，整个玉璜集阴刻、浮雕、镂空、接榫、碾磨等诸多工艺于一体，尤其是铜玉衔接的难度极大，代表了战国时期玉器制作的最高工艺水平。

成。玉璜从新石器时代早期开始一直是女性的象征，并仅限于个人饰件，象征性地体现其社会地位。在良诸文化中，玉璜就是一种礼仪性的挂饰，每当进行宗教礼仪活动时，巫师就戴上它，它经常与玉管、玉串组合成一串精美的挂饰，显示出巫师神秘的身份，且每一件上都刻有或繁或简的神人兽面图像。在良渚文化中，琮、璧和钺开始超越个人饰件的范畴，成为重要的社会权力象征，标志社会复杂进程加速，社会成员的地位、等级和财富分化明显加剧。当象征男性权力的琮和璧开始流行，璜作为女性的象征，没有太大的变化，表明女性地位已退居男性之下。随着良渚文化的衰落，无论是琮、璧还是璜，统统随着酋邦社会的解体而消失。

在六器的使用上，古人是按天、地、东、南、西、北的顺序进行的，中国古代的文献记载方位都是按这个顺序。由于古人发现玉的不同颜色，就有意识地利用四种不同颜色的玉器去祭祀四方。如四方神：南方朱雀，红色，与赤璋相对；北方玄武，黑色，与玄璜相对；东方青龙，青色，与青圭相对；西方白虎，白色，与白琥相对。《礼记》记载："行，前朱鸟而后玄武，左青龙而右白虎"。玉器采用"六瑞"的规定，也就是说六种地位不同的官员使用六种不同的玉器，等级不一，所持礼器的形状、大小、色泽都不尽相同。这不仅表明"六器"开创了我国古代创建礼仪制度的先河，是玉文化与礼仪文化结合的典范，同时也为西周以后各代建立礼仪制度，奠定了坚实的基础。

翡翠 玉璧（贺保伟）

40 × 30 × 12cm

翡翠 玉璧（贺保伟）

38×31×13cm

二、联璜组玉佩

联璜组玉佩仅见于两座国君墓葬和一些国君夫人墓中，而这类组玉佩中用璜的数量与墓主的身份有关。虢季墓代表身份的列鼎数量为7鼎，佩戴联璜组玉佩的用璜数量为7璜；虢季夫人梁姬墓出土列鼎数量为5鼎，而相应的联璜组玉佩用璜数量为5璜。山西北赵村晋侯墓地M31出土6璜佩，山西晋侯墓地的M92则出土8璜组玉佩。由此可见，在当时的社会生活中，组玉佩是贵族身份在服饰上的体现之一，用玉多少、佩饰的复杂程度、长短则成为区别身份高低的重要标志。身份愈高，用玉愈多，佩饰愈复杂，长度愈长，相应地就要求走路时步子愈小，走得愈慢，愈显得气派，风度俨然。《礼记·玉藻》："君与尸行武，大夫继武，士中武。"孔颖达注疏："武，迹也。接武者，二足相蹑，每蹈于半，半得各自成迹；继武者，谓两足迹相接继也。中犹间也，每徒，足间容一足之地，乃蹑之也。"就是说天子、诸侯代祖先受祭的尸行走

艺术点评

此作品为河南省三门峡市虢国墓M2012墓葬出土，现藏于河南省三门峡市文物局，一组共390件（颗），出土时位于墓主人肩、胸至腹部，由1件人龙合佩、5件形态各异之璜、368颗红色玛瑙珠、16颗菱形料珠相间穿系而成。其具体连缀方式为：以人龙合佩为挈领，左右各与双行玛瑙珠相接，下与第一璜相连；自第一璜以下两侧玛瑙珠由双行改为单行；五璜之间以若干玛瑙珠相间，第一璜至第四璜两侧分别以若干玛瑙珠和料珠与左右串珠缀合，第五璜直接与左右串珠相接。整组佩饰组合完整，制作精细，连缀方式匀称讲究。据考墓主人为虢国国君虢季夫人，五璜联珠组玉佩为其身份标志。

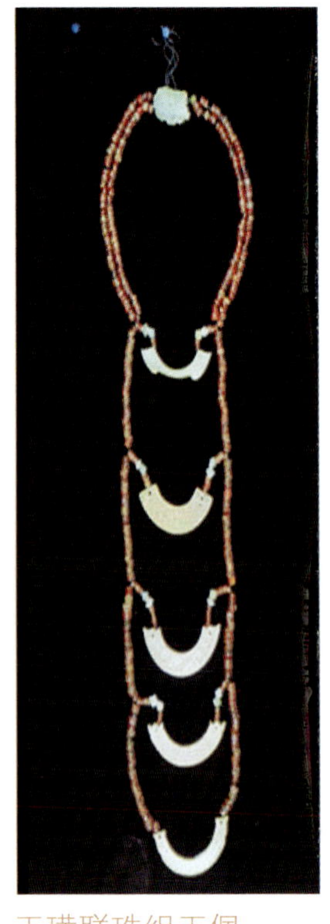

玉璜联珠组玉佩

时，迈出的脚应踏在另一只脚所留足印的一半之处，可见行动之慢。大夫的足印则是一个挨着前一个，士行走的步子间就可以留下一个足印的距离了。可见，佩玉在表示身份的同时，起着节制步履的作用。据《礼记·经解》上记载，在佩戴这些组玉佩时“步行则有环骊之声”，可见在获得审美效果的同时，佩者还可以听到玉佩之间因轻轻撞击而发出的悦耳玉振之声，获得听觉效果。振玉之声和色彩的组合，使得身份标志与感官愉悦相映成趣，可能正是国人追求的一种境界。

古人将德的最高境界，比附玉之温润坚洁；将高尚人格砥砺修行，寓之于美玉之琢磨精雕。佩玉正是君子规范道德、约束行为的标志，因此，《礼记·玉藻》上说：“君子无故玉不去身，君子于玉比德焉”。

三、玉銙

在中国的玉器发展史上，有一种玉器与礼仪文化结合较为紧密，那就是玉銙，特别是唐代的玉銙更是如此。玉銙带是在鞓（皮革带）上镶嵌玉方形銙与铊尾。銙有金、银、铜、玉之别，等级不同，质地不同。带銙上的銙数量与纹饰也有差异，当时銙带制度是极严格的，以玉銙为最高贵。《新唐书·东服志》载：“以紫为三品之服，金玉带銙十三；绯为四品之服，金带銙十一；浅绯为五品之服，金带銙十；深绿为六品之服，浅绿为七品之服，皆银带銙九；深青为八品之服，浅青为九品之服，皆瑜石带，銙八；黄为流外官及庶人之服，铜铁带銙七”。唐代玉带銙的玉多数来自新疆和田，有的在西域雕刻为成品后送到长安。《旧唐书》卷198记载：“其国出美玉，俗多机巧……贞观六年（632年）遣使献玉带”。又《新唐书》卷221载：“初，德宗（780—805年）即位，遣内给事朱如玉之官西求玉，于于田得圭一、珂佩五、枕一、带銙三百、簪四十……”于田出玉带銙，其中一次多达三百枚。

唐朝时期，达官贵人身着佩玉，尊卑有序，《隋唐·礼仪表七》记天子白玉，太子瑜玉，王玄玉，自公以下皆苍玉等。在西安唐大明宫遗址出土一件白玉嵌金佩饰，应为皇家用品，此为片状近三角形，底边平直，顶尖有一小孔，两腰为三连弧形，正面镶勾连云纹金饰，纹饰流畅，金片辉映，格外耀眼，玉质洁白无瑕，晶莹光润，显得富丽堂皇。

明代 玉透雕龙纹带板

艺术点评

明代玉透雕龙纹带板，1958年出土于江西省南城县长塘街洪门水库益庄王朱厚烨墓，现收藏于中国国家博物馆。铊尾长13厘米、宽4.4厘米；长方形带板长6~9.8厘米、宽4.1~4.4厘米；小长条形带板：长4.3厘米、宽1.7厘米；桃形带板：长4厘米、宽4厘米。白玉带板一套共计20块。长方形铊尾2块，长方形带板8块，小长条形带板4块，桃形带板6块，均为双层透雕。长方形铊尾、长方形带板均透雕龙纹及云纹，底纹为花卉纹等，桃形带板透雕龙纹，小长条形带板雕云纹。龙纹均为侧面龙，双角、双圆眼、卷云形鼻上翘，张口露齿，下颏有胡须，发向后漂浮，龙身瘦长，满饰鳞纹。尾端分岔成卷云式，在卷云中央有细小的尾毛纹。四肢较长，腿胫部大都有密集的阴刻线，表示茸茸细毛。爪为圆球形，即风车爪，四爪。带板背面均有成对的小孔。

四、朝冠饰、吉服冠饰

以玉为等级的朝冠，在清代最为突出。清代官员顶戴分为朝冠与吉服冠两种。

朝冠的定制是：亲王以下至一品官，其冠顶均用红宝石，只是用所饰珍珠（东珠）的数目来加以区别。亲王冠顶装饰10颗东珠，亲王的世子冠顶有9颗东珠，郡王冠顶装饰有8颗东珠，贝勒冠顶装饰有7颗东珠，贝子冠顶装饰有6颗东珠，镇国公冠顶装饰有5颗东珠，辅国公、不入八分公以及民公冠顶均装饰有4颗东珠。侯爵冠顶装饰有3颗东珠，伯爵冠顶有2颗东珠，一品官冠顶装饰有1颗东珠。以上官员的顶戴上均衔红宝石。二品官冠顶饰有小宝石1颗，上衔镂花珊瑚（镇国将军和子爵同武一品官，辅国将军和男爵同武二品官）。三品冠顶戴小红宝石，上衔蓝宝石。四品官冠顶戴上饰小蓝宝石，上衔青金石。五品官冠顶饰小蓝宝石，上衔水晶。六品官冠顶戴上饰小蓝宝石，上衔砗磲。七品官冠顶上饰小水晶，上衔素金。八品官为阴纹镂花金顶，没有装饰。九品官冠顶戴为阳纹镂花金顶（指未入流的文九品）。会试中贡士冠顶衔金三枝九叶，举人、贡生、监生冠顶为镂花银座，上衔金雀。生员冠顶为镂花银座，上衔银雀。

吉服冠的定制是：亲王至贝子均用红宝石顶，一品官用珊瑚顶，二品官用镂花珊瑚顶，三品官用蓝宝石顶，四品官用青金石顶，五品官用水晶顶，六品官用砗磲顶，七品官用素金顶，八品、九品均用镂花素金顶。贡士用素金顶，举人冠顶为银座，上衔素金顶。贡生用镂花金顶，监生、生员均用素银顶。

清代的朝冠顶戴，以东珠、红宝石、珊瑚、蓝宝石、青金石、水晶等珍珠和宝石、玉石为不同的分类等级标准，将亲王、亲王世子、郡王、贝勒、贝子、镇国公、辅国公、侯爵，以及一至九品官员的顶戴加以严格区分，可谓等级森严，绝对不能越僭。清代的玉器达到了中国玉文化史上的鼎盛时期，而以玉为标识的礼仪文化也达到中国历史上的鼎盛时期，我们从清代官员的顶戴上可见一斑。我们选择了一至九品官员的部分朝冠予以刊出，请大家鉴赏。

清代一品官红宝石朝冠

清代二品官员珊瑚朝冠

清代三品官员蓝宝石朝冠

五、朝珠

朝珠是清代朝服上佩戴的珠串，形状如同和尚胸前挂的念珠。朝臣凡文官五品、武官四品以上的，以及军机处、侍卫、礼部、国子监、大常寺、光禄寺、鸿胪寺等所属官员，五品官命妇以上，穿着朝服时方得挂用。它既是显示身份和地位的标志之一，是礼仪文化的一个重要组成部分，也是玉文化与礼仪文化完美结合的典型，特别是东珠，是朝珠中的珍品。

2010年4月8日，在香港苏富比拍卖会上，一串清御制东珠朝珠，在10分钟内经过61次激烈叫拍，最终以6000万元成交，连买家佣金成交价竟达6786港元，刷新御制朝珠世界拍卖纪录。

东珠满语称为“塔娜”，作为大清帝国王权的一种象征，东珠已定格于那个时代，除了偶尔在拍卖场，现代人只能在博物馆以及影像资料中一睹它的尊容了。在满族社会里，这是最名贵的宝珠，东珠不同于一般珍珠，后者的满语是“尼处赫”，二者的区别在于东珠是河蚌所生，产自东北地区黑龙江、乌苏里江、鸭绿江及其流域。珍珠则为海蚌所产。清康熙时徐兰著《塞上杂记》载：“岭南珠色红，西洋珠色白，北海珠色微青者，皆不及东珠之色如淡金者其品贵……”东珠素有“大珠”、“美珠”之称，微粉红色的称之为“美人湖”，微青色的称之为“龙眼湖”，都是上品。

① 组成：朝珠通常由身子、佛头、背云、纪念、大坠、坠角六部分组成，是从佛教的“念珠”衍生而来，每串朝珠的珠数都严格规定，为108颗，源于数字“108”对于佛教的特殊意义，也象征着一年十二个月、二十四节气和七十二候。朝珠每隔27颗夹入一颗“佛头”加以间隔，使其在色泽上与朝珠形成强烈鲜明的对比。“佛头”共有4颗，将朝珠分为四部分，也称之为“分珠”，据说寓意四季，一般用红珊瑚制成，色泽和大小一致，直径比朝珠大一倍左右。朝珠顶部的那颗佛头上，连缀一塔形“佛头塔”，其顶端用阔丝带系缀有一块宝石大坠子，大坠子上端还垂有一块宝石，称之为“背云”。朝珠上的三串绿松石串珠称为“纪念”，每串10粒，珠串的末端各有用银丝珐琅裹着宝石的小坠角，表示一月三旬。佩戴时，系着“背云”的那颗结珠要置于领后，“背云”要垂在身后，“纪念”则垂于胸前。

清代 朝珠

② 材质及颜色。清代的朝珠多用东珠（珍珠）、翡翠、玛瑙、琥珀、珊瑚、象牙、蜜蜡、水晶、沉香、青金石、绿松石、碧玉、芙蓉石等世间珍宝琢制，以明黄、金黄及石青色等诸色丝绦为饰，由项上垂挂于胸前。朝珠的材质珍稀高贵，一般都以光素的形态出现，着意表现其材质，以彰显气质非凡。

清代朝珠采用丝线编织，颜色等级分明：明黄色的只有皇帝、皇后和皇太后才能使用。据《大清会典》记载，只有皇帝、皇太后和皇后，方可佩带东珠朝珠，皇帝通常拥有四串颜色各异的朝珠，以配衬多样服饰出席不同仪式祭典，可知这是至高无上权力的象征。全绿和金黄色的是王爷所用；武四品、文五品及郡、县官为石青色，任何人不得僭越冒犯。

③ 定制。我国史书记载绿松石的文献最早见于清代《清会典图志》：“皇帝朝珠杂饰，惟天坛用青金石，地坛用琥珀蜜蜡，日坛用珊瑚，月坛用

绿松石。”皇子、亲王、亲王世子、郡王、朝珠不得用东珠，余随所用，金黄绦。贝勒、贝子、镇国公、辅国公朝珠，不得用东珠，余随所用，石青绦。民、公、侯、伯、子、男朝珠，珊瑚、青金石、绿松石、蜜珀随所用，石青绦。品官文五品、武四品以上，命妇五品以上，及京堂翰詹、科道、侍卫均可用朝珠，以杂宝及诸香为之。礼部主事、太常寺博士、典簿等，在庙坛执事及殿廷侍仪时准用，平时及在公署则不准用。内廷行走人员不分品级均可用。这种制度到后期逐渐放松，晚清时连捐纳为科中书（从七品）者也挂朝珠。朝珠除由皇帝赏赐之外，也可自己到珠宝店购买，较高贵的一盘朝珠价值千金，珍贵者价值连城。朝珠的大小质量也表示了官位的高低，官员觐见皇帝时必须伏地跪拜，只要朝珠碰地，即可代替额头触地。朝珠越大，珠串就越长，佩挂者俯首叩头的幅度就越小，这也说明皇上对不同官职的恩赐。

④ 女性佩戴朝珠的规定：清代皇后穿朝珠时，要身挂三盘朝珠，中挂东珠朝珠，两侧为珊瑚朝珠；穿吉服时则挂一盘，珠宝杂饰随意。而皇贵妃、贵妃、妃等人身穿朝服时，中间佩戴一盘蜜蜡或琥珀朝珠，左右斜跨肩挂两盘红珊瑚朝珠；嫔以下乃至贝勒夫人、辅国公夫人、乡君等人，身穿朝服时，中间佩戴一盘珊瑚朝珠，另两盘为蜜蜡或琥珀朝珠；民公夫人、五品命妇身穿朝服时，所挂三盘朝珠，则在青金石、绿松石、蜜蜡、琥珀、珊瑚中随心选定，无严格定制。

⑤妇女与男子朝珠的区别：妇女悬挂的朝珠与男子所佩戴略有不同，其主要区别于朝珠上的“纪念”，两串在左者为男人佩戴方式，两串在右者为女人佩戴方式，两者不能混淆颠倒。此外，还有一些规定：命妇穿着吉服参加祈谷等吉礼时，只需佩挂一盘朝珠；若遇重大朝会如祭祀先帝、接受册封等时，则要佩挂三盘

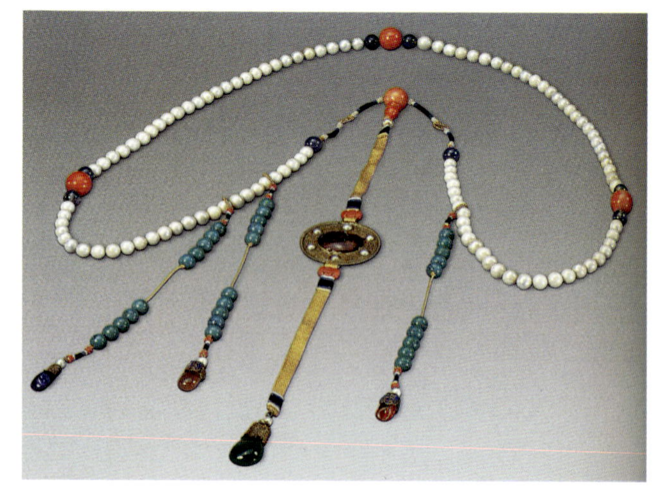

清代 朝珠

朝珠，同时还必须穿着朝服。三盘朝珠的具体佩挂是正面一盘佩于颈间，另外两盘由肩至肋交叉于胸前。男子在任何场合都只挂一盘朝珠。

翡翠 项链

六、玉扳指

2007年苏富比春季拍卖会上，一套装7枚清乾隆御用玉扳指以4736万港元被收入囊中，创下了玉扳指市场的最高价，所有扳指中大小、样式基本一致。乾隆帝对玉扳指表现出极大的兴趣，投入了很高的热情，并为诸多的玉扳指写下了50首诗。这7枚玉扳指经历曲折，十分罕见，弥足珍贵。这套玉扳指外套为一剔红海鱼图漆盘，由盖和底两部分合成，盖外及底外墙朱漆雕花流水纹，盖上三条鱼戏于滚滚波涛之中，刻画生动，由此可以看出那时雕工成熟，包装非常考究，显示出乾隆时期宫廷御用器物的基本风格和特点。

清代 玉扳指

玉扳指，其前身叫做韘（音：射）。《说文》曰："韘，射也"，为骑射工具，在冷兵器时代射箭时戴在拇指上，张弓时将弓弦嵌入背面的深槽，以保护射手大拇指不被弓弦勒伤，后来引申为能够决断事务，具有身份和能力的象征。目前所知韘初见于商代，流行于春秋战国时期，至汉代则发展为彰显身份的韘形佩，宋、元、明多沿用汉代的款式，至满清时原先的功能逐渐弱化为一种用以炫富的装饰品。

河南安阳殷墟妇好墓出土玉韘，是迄今所知最早的一件玉韘。器形作圆筒形，下端齐平，上端斜口，可套入成人拇指，正面以双阴线结合减地浮雕，饰兽面纹，兽鼻两侧各有一圆孔，背面刻一凹，弓弦恰可纳入背面凹槽，两个圆穿可系绳缚于手腕。

扳指与满族渊源深厚，满族的习俗是从半农耕游牧的生活而来，虽然入关后有了很大变化，但仍保留着某些习俗，扳指就是其中之一。扳指在满语称为“憨得憨”，清军入关前满族人常用鹿骨扳指，呈黄色，年久变为浅褐色，以“有眼”为贵。那时满族人对玉的认识还很肤浅，何况东北地区还没有更多的白玉，翡翠在中国还不流行。满族八旗子弟于弱冠前，照例要到本族弓房锻炼拉弓，扳指是不可或缺的，人手一枚。本是辅助习武的扳指，由于满汉两族男子的羡慕与效颦，使之成为一种时髦的佩戴品。上自皇帝与王公大臣，下至满族各旗子弟及富商巨贾，虽尊卑不同，皆喜佩戴，使小小的扳指达到了登峰造极的境地。近代扳指完全成为一种装饰，且佩在手上的极少，要么男士佩在胸前，要么佩在腰间，完全没有原始那种古朴的意韵。

翡翠 玉扳指

在清代中后期，扳指虽小，却也是森严等级的一种象征。扳指中的极品自然是皇帝的御用之物，无论材质、工艺、纹饰，均属一流，常以白玉、翡翠材质制作为首选，羊脂白玉和满绿而清澈如水的翡翠，自然是皇室贵胄专属佩戴。从多尔衮进关到顺治皇帝初步立足中原，再到康雍乾三朝盛世，皇帝的御用扳指都是有着严格规定的。御用扳指上经常有御题诗、诗意画和宫廷专用纹饰等浓厚人文气息的雕刻。这样的扳指当然是技艺最高的工匠的倾心之作，同时也是当时宫廷文化和皇帝本人气质、个人爱好、文化品位和审美情趣的集中体现。乾隆皇帝对玉扳指表现了特殊的兴趣，认为玉扳指“恰似琼琚”“德美信堪师”“环中内外光明莹，一气深融万理涵”。小小的扳指承载如此深奥的哲理，成为日后人们认识和评价其他扳指的基调。当年也有很多各地高级官员、附属国进贡或宫廷在江南定做的扳指，这些扳指并不都是御用之物，而是大部分赏赐给高官和近臣、皇室至亲。除了御用和御赐这两种扳指外，扳指中的“探花”要数亲王、郡王贝勒、贝子等皇家宗室自己定做的，往往刻有宗室本人的私印。亲王赏赐给家奴、下属或馈赠亲友的扳指，也属此等之列。君主体制下等级森严，即使是亲王也不能逾制，所以很少有在上面题诗刻画的，其工艺和材质也不能僭越皇帝的喜好，其他八旗子弟的扳指价值自然也就略逊一筹。

第七章

玉文化与健康文化

白玉 长寿（李 克）
11×8×7cm

艺术点评

作品有三大特征：一是玉质优美，作品以上乘的和田籽料精雕细琢而成，玉质温润，皮色艳丽，在目前和田籽料日趋匮乏的情况下，此料更显得弥足珍贵。二是工艺精巧。作者依色依料施艺，择色十分到位，把皮色做成神兽的壳，构思巧妙，足见作者的功力。三是富贵吉祥。神龟者，长寿也，寿比南山，福如东海。

玉是一种天然矿产，矿物是中药中很有特色的组成部分，它曾是我们祖先防治疾病的武器，也曾长期作为养生防老和炼丹的主要成份。《神农本草》、《本草纲目》、《黄帝内经》等中医学古籍称“玉乃石之美者，味甘性平无毒。”认为吮含玉石，借助唾液与其协同作用，具有“润心肺、除胃中热、止烦燥、止喘息、止渴、助声喉、滋毛发、养五脏、柔筋骨、安魂魄、利血脉、明耳目”的疗效，特别是对高血压、神经衰弱、脑血管疾病、动脉硬化等许多疾病有特殊疗效，仅《神农百草经》收集宝玉石类药物达46种。

据历史记载，在远古时期，先人们在长期的采集生活中，逐渐发现植物可以入药；在长期的渔猎活动中，逐渐发现动物可以入药；在长期的冶矿生产实践中，逐渐发现了矿物可以入药。这矿物药中就有玉，尽管先人们初期的佩玉行为是无意识的，却起到了养颜、健体的功效。到了后来，人们开始了有意识的实践活动，把玉磨成粉，配上其他药物，制成仙丹食用，结果出现了偏差。秦始皇、汉武帝等帝王多次服药求仙，却“多为药所误”。玉石类虽能强身健体，却并非长生不老的仙丹。

独山玉 和谐美满（李 平）

12×5×2.5cm

艺术点评

此作品的三大特点：①色彩丰富。独山玉是全国所有玉种中色彩最为丰富的，有白、蓝、红、紫等十几个色彩，加上过渡色彩能达到几十种。此作品就是独山玉色彩的集中体现，“赤、橙、黄、绿、青、蓝、紫”样样俱全，十分罕见，而且玉质也极为优美，其白色可以与新疆和田玉中的羊脂玉相提并论，其蓝色则能同翡翠中的翠色并驾齐驱，就色彩而言，本身就是一个和谐美满的大家庭。②寓意吉祥。作者在作品中部制作了荷花成熟后的莲子，在作品的下部制作了一只螃蟹，还有莲藕等，取荷花的“荷”和“螃蟹”的“蟹”的谐音，取名为“和谐美满”。③工艺精湛。作者在一块方寸之间的玉料上，设计制作了莲子、螃蟹、莲藕等诸多元素，构图十分合理，疏密有致，充分显出了作者的功力。

新石器时期　虎头

艺术点评

此件虎头为新石器时代石家河文化（约公元前2500年至前2200年）时期的玉器，宽3.5厘米、高2.3厘米，现藏于中国国家博物馆。此虎头呈扁方形，正面雕刻虎的面部。五官用减地法凸出，再以浅细阴刻勾勒出轮廓，凹洞式耳孔，鼻翼两侧刻划胡须，底边有宽阔的口部。虎头两侧横穿圆形孔，可系佩。虎头是石家河文化玉器的代表器形之一，面部威严，反映出浓厚的宗教气息。

据现代科学监测和化学分析，玉石含有多种对人体有益的微量元素，如锌、镁、铁、铜、硒、铬、锰、钴等，从药物学角度来讲，长期佩戴可以被人体皮肤吸收，补充人体不足的元素和微量元素，吸收或排泄过剩的微量元素，保持人体内各种元素的平衡，活化细胞组织，提高人体的免疫功能。玉可以健身，而不同的玉有不同的强身健体功效：

白玉——有镇静、安神之功；

青玉——避邪恶，使人精力旺盛；

独山玉——含有人体需要的多种微量和常量元素，对治疗心脏病、血管疾病有辅助作用，并可用于美容；

岫岩玉——能提高人的生育能力；

翡翠——能缓解呼吸道系统的病痛，帮助人克服抑郁；

玛瑙——清热明目、安神静脑；

汉白玉——化癌、止血；

梅花玉——防癌、防痔；

绿松石——解毒、清肝火；

青金石——解毒、清黄水、解鼠疮、滋阴乌须；

孔雀石——治痰迷惊、疳疮；

琥珀——安神镇惊、止血化瘀、利尿，能帮助人克服抑郁；

紫晶、石英——镇静、安神；

橄榄石——治气喘和高烧引起的干渴或眩晕；

金刚石——避邪恶，使人精力旺盛；

红宝石——可以提高人们的兴奋度，补充血气，治疗手足冰冷；

绿宝石——提高人的生育能力；

蓝宝石、海蓝宝石——缓解呼吸道系统的病痛。

翡翠 蝶恋花（赵玉谦 徐建伟）

23 × 22 × 7cm

翡翠 飞黄腾达

15 × 13 × 6cm

翡翠 兰蕙飘香（赵玉谦 宋 波）
17×10×8cm

翡翠 提梁梅花壶（丁显甫）
19×13×7cm

有些宝玉石能产生高强度的光电效应，其衍射力能释放出足以影响人体生物电、调节新陈代谢的巨大能量，产生特殊的“光电效应”，聚焦蓄能，形成“电磁场”，与人体发生谐振，从而使各项生理机能更加协调运行，使人体血液循环加快，新陈代谢提升，调节经络使气血精确运转，增强快速反应，提高人体的免疫功能。同时某些玉石仔细切削打磨后具备聚焦蓄能的功能，有白天吸光、晚上放光的奇妙物理特性，当光点对准人体某个穴位时，仿佛针灸一般能刺激经络，疏通脏腑，产生奇特的疗效。

红山文化 玉蝉

艺术点评

此件玉蝉为新石器时代红山文化时期的玉器，长4.7厘米、高1.5厘米，现收藏于中国国家博物馆。此玉蝉蝉首扁平圆形，刻划圆圈纹和折线等表示双眼和口部。尾上翘，圆弧形。身两侧及腹部略凹，腰部有一对横穿孔。纹饰简练，身体肥壮，造型古拙，尤其是浅浮雕技法，更是形成触之有感、视之若隐若现的效果。

玉有热容量大和辐射散热好的物理特性，可以减少血液中耗氧量，使血液中酶分子不变性，从而保持其最大活性，加强代谢，提高生理机能。宝玉石对菌类还有抑制作用，故可治疗人体的面部斑痕及过敏等症。

光谱测量表明，玉的特殊分子结构能发射人体吸收的远红外线电磁场，改善称为“人体第二心脏”的微循环，产生很好的生物作用，增强人体细胞免疫功能，祛病延年。如金刚石能“避恶驱毒气”，是因为金刚石能吸收太阳光的短波波段，从而变成紫外线的理想“储存器”，故对人体有消毒灭菌之功能。

美国、日本及欧洲各国已掀起了“玉石热”，美国甚至还出现了“水晶诊所”。不少美国人在上班时，口袋里要装上一块水晶，这样就可以精力充沛地去应付各种繁忙的事情。失眠者若在枕下放一块水晶，强似安眠药，可使一天的工作疲劳烟消云散，通宵入梦。

水晶 千手观音（作应汶）

110×55×18cm

艺术点评

水晶的硬度在所有玉质中几乎是最高的，也十分易碎。因此制作一件水晶作品《千手观音》是十分不易的，它要求对水晶玉质的了解和逐渐摸索，要求对工具在制作时的发力大小和发力角度掌握到位，差之毫厘，有可能损坏一件价值不菲的器物。

千手是一个概数，常常以四十二手和四十二眼来代替千手，此作品雕工老到，亮柔工极佳，观音法相端庄，体态轻盈，手指纤柔多姿，背光如日中天，华丽之中透射出肃然庄重之气。

2005年春节联欢晚会上，中国残疾人艺术团演出的《千手观音》感动了中国；2004年雅典残运会闭幕式上8分钟的《千手观音》演出，同样也感动了世界，这是玉文化、佛教文化和音乐文化完美结合的经典之作。

中国人喜欢以玉器为主体的厚葬，更喜欢佩戴玉器健身的活动，这种佩玉健身的行为，自新石器时代就存在，至春秋战国时期由于孔子“君子比德于玉”理论的问世，中国人佩玉之风更加浓郁。春秋以后这种佩玉之风虽然仅在皇宫贵族较盛，但一直未中断，经过长期的积淀，形成了佩玉健身的文化，我们称之为健康文化。到现在由于社会财富的积累，这种佩玉健身之风，由远古、三代、秦汉、隋唐、明清的皇家贵族，进入寻常百姓家，形成全民佩玉健身之势。

白玉 长寿之果（曹国斌）

8×6×5cm

独山玉 富贵缠身（潘永奇）

9×6×4cm

一、新石器时代的玉器健身之美（生态之美）

玉石色泽美丽，且具有美观、耐久、稀少的特点，《辞海》释为“温润光泽的美石”。正因为玉的色泽鲜丽，远在山顶洞时代，先民们就有了精心选料、打制、钻孔、串连而成的各种饰物。此时，先人们并没有意识到玉本质有许多元素（如锌、铜、锰等）可以治疗人的疾病，而是仅因其美观好看，走动时玉饰品发出的声音清越动听，令人心旷神怡。造成远古先人以佩玉为美的思维方式原因是：①生产方式。我们的祖先是由原始狩猎演变至定居养殖，再至农稼种植，人类社会的发展使玉从石中分离出来，用以装饰、观赏、赠送等，从红山文化、良渚文化和仰韶文化出土的玉牌饰、玉串饰上看，这些精美绝伦的艺术品都具有原始的生态之美，说明先人们的生产方式决定了他们以佩玉为美的观念，这种观念虽然是无健身意识的，但在客观上有了健身的功效。②生活方式。在以磨制石器为工具的新石器时代，人们开始定居，社会生产力有了大幅度提高，人们的生活逐渐富裕，于是有了更多的时间和物质条件去丰富美化生活，便从石中发现了玉，并加以雕磨，制成佩饰来佩戴，正是这种生活方式使得中华民族对玉一直有一种十分眷恋的特殊感情。这种佩玉健身的方式，称之为“生态之美”。

新石器时代 玉镯

白玉 手镯

艺术点评

此件玉镯为新石器时代良渚文化时期的玉器，直径6.7厘米，现收藏于中国国家博物馆。此器为圆筒形，通体精磨抛光，边缘未进行磨圆处理，基本保持切割后形成的棱角。人体的一些经络从手指开始，经过手腕到手臂上行，穴位有许多分布在经络上或附近，手腕上就有内关、外关、神门、养老、阳池等重要穴位。戴手镯后，随着手镯的活动，便不断按摩手腕上的穴位，不仅能祛除老人视力模糊之疾，而且可以蓄元气、养精神，对姑娘们来说，还可以保持苗条优美的体形，从而达到健身的目的。

二、夏、商、周时代的玉器健身之美（华丽之美）

玉器是重要的中国传统装饰用品门类，由于渗透了中国传统人文思想和道德观念，玉器的发展和变化也见证了传承数千年的玉文化。研究玉器，尤其是分析其造型和纹饰形式的特征，是我们了解中国传统装饰艺术的路径之一。在三代，玉器的种类很多，一是容器；二是组合形玉饰；三是单个玉佩饰，当然还有其他类别的玉器和生产生活玉器。夏、商、周的组合配饰非常华丽美观，这种玉器健身的方式我们称之为“华丽之美”。

1. 容器。我们经常说到汉代和隋唐的容器如何精美无比，其实玉制的容器始于三代，盛于汉唐，精于明清，是玉器中的一个主要的门类。

2. 组合玉佩饰。玉器中的容器起始时间较晚，而玉佩饰作为玉器的一个种类，不仅起步早，从新石器时期迄今从未间断过，而且品种不断翻新、款式繁多，是历朝历代能工巧匠施展才华的载体，各时期最具特色的工艺特点也在

商代 青玉簋

青玉 薄胎花觚
25 × 16cm

艺术点评

商代青玉簋，高12.5厘米、口径20.5厘米、壁厚1~1.6厘米，1976年出土于河南殷墟妇好墓，现收藏于中国国家博物馆。此簋为绿色，平口方唇，腹部微鼓，圈足略外撇。

这些玉佩饰中得以体现，在一定程度上说玉配饰的变化反映了中国古代玉文化的传承和变迁。夏、商、周时期玉配饰最精彩、最华丽的要数河南省三门峡市虢国墓葬出土的组合形玉佩饰。

虢国墓地是居住在上阳城内的虢国贵族及平民死后的埋葬地，位于河南省三门峡市区北部的上村岭，1956—1957年为配合黄河三门峡水库建设，黄河水库考古队在上村岭清理墓葬234座，出土各类文物9179件。1990年起，考古队又对虢国墓地进行了第二次大规模发掘，发掘墓葬18座。迄今为止，在虢国墓地发掘墓葬250余座，车马坑7座。其中，M2001（国君虢季墓）、M2009（国君虢仲墓）、M2011（太子墓）、M2012(国君夫人墓)、M2006（贵族夫人孟姞墓）、M2013（贵族夫人丑姜墓）、M2016（士一级贵族墓）、M2017（士一级贵族墓）、M2018（平民墓）、M2019（平民墓）等墓葬保存完整无损，且时间明确，均为西周晚期，证明了这是中国迄今为止发现的唯一一处等级齐全、排列有序且保存完好的西周晚期大型邦国公墓。出土各类珍贵文物数万件，仅玉器就达3000余件，数量之多、品种之全、玉质之好、制作之精，为西周考古中所罕见。

① 发饰

西周 玉发饰

艺术点评

组合发饰，出土于M2001，现藏于河南博物馆，由衔尾双龙纹玉环、素面玉环、玉管、玉珠、牛首形玉佩、大小红玛瑙珠与石贝等分别作两行相间串联而成。其中衔尾盘龙纹玉环作为挈领，两侧各连接2件小玉环，其下由8件玉管和大粒玛瑙珠串连，而小粒珠则专门用于打结，并从上至下数量呈对称式以次递增。

②项饰

西周 玉项饰

艺术点评

成组串饰，出土于M1820，现藏于中国国家博物馆。马蹄形玉饰长2.2厘米、宽2.2厘米、厚0.3厘米；椭圆形玉饰长2.4厘米、宽2厘米、厚0.3厘米；玛瑙珠长0.9厘米、直径0.8厘米。出土时位于墓主人颈部。串饰由红玛瑙101颗、马蹄形玉饰10件、椭圆形玉饰1件、小玉饰2颗组成。马蹄形玉饰与椭圆形玉饰受沁成鸡骨白。玛瑙珠用双线串成双行，每隔若干颗珠子，双线并穿入一件马蹄形玉饰中，椭圆形玉饰处于整个组串饰的右下方，类似于坠子。整组项饰串连严谨，对称协调，温润的玉色在红玛瑙珠映衬下，显得色彩明快，光辉夺目。

③腕饰

玉管、佩组合腕饰

西周 玉管佩组合腕饰

艺术点评

M2012出土，现藏于河南省三门峡市文物局。一组21件，出土时位于墓主人右手腕部，由1件兽首形佩、1件鸟形佩、9件形态各异的蚕形佩、2件蚱蜢形佩及8件形态有别的玉管组成。其连缀方式为：以兽形佩为中心组件，两侧各为1件鸟形佩和1件蚕形佩，再各连1件双面龙纹扁管，其后的8件蚕形佩和2件蚱蜢形佩以2件一组，共分5组，以玉管相间穿缀而成。这种连缀方式较为罕见，具有现代审美中的不规则美感。腕饰组件玉质细腻，琢磨精致，显得精巧华贵。

组合形玉佩，又被称为“杂佩”、“大佩”、“玉佩”等，是将几件不同形状的单件玉佩用彩线以不同方式串联在一起。《毛诗·郑风·女曰鸡鸣》最早记载了组玉佩的组合方式：“知子之来之，杂佩以赠之。”毛诗云：“杂佩者，珩、璜、琚、瑀、冲牙之类。”西周时期的组合玉佩主要有三种形式：①位于死者胸、腹部的多璜联缀的主体组合玉佩，如五璜联珠组玉佩；②长条形片状一端串联小玉珠和绿松石珠，呈递增式的组合方式；③以玉牌与珠、管等类灵活组合的小型发饰、项饰、腕饰等。这些组玉佩的构件，既可单独作为佩件，又可成组串联，特别是串连起来组合成组玉佩饰，更是显得富丽堂皇。

3. 单个玉佩饰。

艺术点评

商代柄形器，长10.8厘米、宽1.5厘米，现收藏于中国国家博物馆。柄形饰的起始点在夏代，为夏代新创玉器，除了浮雕以花瓣形的个体外，还见双线阴刻兽面纹和光素面表的长方形棒，有学者认为是商人为纪念逝去的祖先亡灵而制作的祭祀礼仪用器；也有学者认为是配饰。此器为长方体，上部亚腰形，底部为短榫状，饰凸弦纹，且弦纹之间雕刻四层凸起的莲瓣纹，每个莲瓣与一个棱角相对应。

商代 柄形器

三、春秋战国时期的玉器健身之美（威武之美）

春秋战国时期，人们的佩玉之美表现出双重性。一方面是“德玉之美”，先人们佩戴玉佩，由过去的生态之美、华丽之美而变为德玉之美，因为“君子必佩玉”，“君子无故玉不去身”，佩玉除了美观、健身之外，成为君子必所为的行为准则。另一方面则表现出春秋战国时期玉器工艺的威武雄壮之美。郭宝钧《古玉新诠》：“抽绎玉之属性，赋以哲学思想而道德化；排列玉之形制，赋以阴阳思想而宗教化；比较玉之尺度，赋以爵位等级而政治化”。这就是春秋战国时期玉器工艺特征的总概括。

艺术点评

此件战国组玉佩藏品，1955年出土于河南省洛阳市中州路1316号墓，大玛瑙环直径5.5厘米、小玛瑙环直径3厘米、玉环直径3.6厘米、夔龙长7.1厘米，现收藏于中国国家博物馆。

战国时期 组玉佩

春秋时期的玉器，不仅数量较多、玉质上乘，并且新创不少优美器型，线条运用更臻娴熟，纹饰的审美含量大幅增加，刀工秀逸遒劲，风格清新潇洒，留下了无数玉质珍品。新创的“春秋龙首”纹、“春秋谷”纹、“斜地子”纹、“虎皮”纹、“钜形鱼鳞”纹、“内勾卷云”纹和螭纹等玉器纹饰，经过战国和两汉的发扬光大，和龙纹一样，成为我国艺术史上光彩夺目的纹饰标杆。

战国时期 包金镶玉兽首银带钩

艺术点评

战国时期包金镶玉兽首银带钩，长18.7厘米、宽4.9厘米，1951年出土于河南辉县固围村五号墓，现收藏于中国国家博物馆。带钩呈琵琶形，中部凸起呈弧形状，底部为银托。钩首为兽首，青玉雕刻，并用细线刻画出圆眼、长鼻和长嘴喙，额头正中有一花蕾纹，上斜刻小方格纹，有角。面为包金组成的浮雕兽面，两侧盘绕两条夔龙，倒向勾端，合为一首。脊背正中，均匀嵌入三块白玉玦，前、后两玉玦的中心孔各嵌入一个琉璃珠。玉玦呈青白色，做工十分精细。整个带钩把金属铸造工艺与琢玉工艺完美地结合起来，堪称中国古代最华美的带钩。

春秋战国玉器在500多年的发展变化中日益进步，并呈现出不同的艺术风貌。这种艺术风貌不会随着历史年代的划分而断然隔开，比如战国早期玉器依然遗留着春秋晚期玉器的风格，甚至有些作品十分相似，难以区别。但是当新的艺术风格和审美时尚一旦成熟稳定之后，在整个艺术创作上便会出现一种潮流、一种趋势，这种潮流和趋势所造就的艺术特色，正是我们在鉴定中一定要掌握的最基本的东西。①工艺。在制作工艺上，春秋玉器无论是造型、线条还是碾磨均显得较为浑圆，战国玉器则棱角刚劲明确，线条清晰利落，同时镂空技法的使用较春秋更加普遍，并且技艺格外精湛细致，就连镂空之外的内壁也琢磨得光洁明亮，一丝不苟。②装饰。春秋玉器善用众多抽象变形、肢解整体的龙纹充填器物画面，从而显得繁密不透气，粗看似有一种似是而非的模糊感。战国玉器装饰图纹较为稀疏，常见谷纹、云纹、勾连云纹、绞丝纹等，线条舒展流畅，工艺精细入微，主纹、地纹均清晰可见，观后使人赏心悦目。③神韵。就整体而言，春秋玉器在造型、构图、动态等方面较之战国玉器则显得神气不足，平静而呆板。战国玉器无论器面、边角或是布局，设计得当，通体皆灵，充满了强烈的动感和勃勃生机。其实这种奋发的气势和艺术活力，也是战国时代的精神所在，是战国人的气质、思想文化使然。这种玉器健身的方式，我们称之为“威武之美”。

战国时期 双玉龙佩

艺术点评

此龙形饰为战国时期的器物，长7.7厘米、宽3.3厘米、最厚0.4厘米，1957年出土于河南信阳长台关一号墓地，现收藏于中国国家博物馆。

综观该谷纹玉龙的造型，宛如“飞龙在天”，奔驰腾空，狞厉张扬，雄健狂放，充分展示出战国玉龙的“飞腾灵动”之美。我国古代玉龙从最早的红山文化“C”形龙开始，此后各代玉龙的形象随时代演变，呈现多姿多彩的风貌，但论艺术造型和雕琢工艺之精，非战国时期的玉龙莫属，战国玉龙一改过去造型单一、形体弯转较小的面貌，而变为多波折弯转的“弓”形、“S”形及“W”形身姿，灵动旋转，气势矫健，真正达到了美的极致，战国玉龙其实就是战国狂澜游荡、英气勃发的时代精神象征。

在战国时期有的玉龙佩上雕琢了满体的谷纹，谷粒饱满，排列而行，有的谷粒底部出尖钩，表示已经萌芽，十分精美。谷纹与玉龙的结合，源于古老的神话和星相学。《易·乾卦》云：“见龙在田”。龙，指苍龙星，苍龙星主雨；田，指天田星，天田星主谷。龙降时雨，谷物成熟。《说文解字》：“珑，祷旱玉也，为龙文”。据此可知，谷纹玉龙佩应是古人向苍龙星祈雨时佩带的一种祥瑞佩玉。谷纹龙形佩的源远流长及强大生命力，有力地说明了以农业为立国之本乃是中华民族传统文化构架的主梁之一，它从根本上体现了中华民族古老的龙星崇拜祈雨文化。这就是战国谷纹玉龙佩所负载的中华民族古老而丰厚的传统文化信息。

四、秦汉时期玉器健身之美（简约之美）

我国汉文化承袭先秦，汇集南北，形成和确定了中华民族文化的标志与符号。汉代玉器精美绝伦，蔚为壮观，在中国玉文化发展史上留下了浓墨重彩的一笔，以至于今天我们回首这段历史的时候，不得不以崇敬的心态和仰视的目光，来欣赏2000多年前的两汉玉文化留给我们无比丰富的绮丽瑰宝。

玉器的发展有着清晰的脉络，各朝各代玉器的工艺、造型、文化内涵均有不同。汉代是高古玉器与古代玉器的分界点，具有玉文化历史的“里程碑”

意义。首先，源于汉代在中国文化史上独有的地位和作用。中华民族传统文化成型于汉代，两汉时期400余年的历史奠定了民族文化的标志性基础，使汉文化成为中国文化的符号。其次，汉代政治、社会、伦理、道德的诸多因素，尤其是儒家学说，丰富了汉代玉器的内涵。再次，汉代山川形胜，疆土辽阔，物产丰富，国势强盛，经济发达，社会安定。第四，能工巧匠琢玉工艺精良，繁多的玉器仅品种就多达 7300余种，完整的丧葬用玉、规整肃穆的礼仪用玉、琢磨精致的装饰用玉、丰富多彩的生活用玉、纹饰华丽的玉质器具，以及栩栩如生的玉质动物、惟妙惟肖的玉人，汉代几乎应有尽有。秦汉时期玉器的主要成就在于把富有生命力和现实感的象生玉器融入到玉器的设计创作之中，实现了形与神的巧妙结合，秦汉时期的玉器健身之美，我们称之为“简约之美”。

汉代有几种特殊的佩玉：①冈卯。用以驱逐疫鬼之物，是柱形的，半空穿孔，四面都刻有字。字体多为篆书或隶书，文字均为阴线刻划，草率不很规整，印面也无纹饰，后仿的冈卯刻的都是楷书。②司南佩。佩者都是士大夫身份，所以一般都由价值高的和田玉料雕刻而成。司南佩的造型古怪，顶端像把钥匙，中间穿孔，上下两截，下面有钮。③翁仲。既有装饰性，也有辟邪作用。翁仲形像源于秦时一位阮姓的勇士，身高1.3丈，神勇异常，匈奴人闻风丧胆，称他为石将军。翁仲的纹饰很简单，几道线条表现出鼻、眼、耳，脸部很长，身着长袍、宽袖，两衬袖在宽袖之中，不见手脚，有上下通天钻孔戴，也有横腰穿孔的。④东汉舞人。一般是单面工，其衣姿和舞姿都顺一致方向，如果是相背方向的话，那肯定是后仿的。舞人的衣饰上有很细的纹饰，舞人腰部很柔美。汉代的代表性玉器主要是葬玉，如金缕玉衣、玉面罩、玉塞、玉枕、玉棺等，饰品玉佩主要是玉人等。汉代玉器工艺的主要表现形式为著名的“汉八刀”。“汉八刀”看似简约，实际并不简单，饶有意趣。“汉八刀”指的是玉器作品上纹饰的走向，呈汉字“八”的状态，并不是说每件玉雕作品上只雕刻八刀。“汉八刀”只是个“概数”，不是指雕刻每件作品的刀数，而主要表示汉代饰件的雕工极其简单，但这种看似简约的刀法，却蕴藏着极大难度的功夫。现代人要想仿汉代的“汉八刀”是非常困难的，一是没有“汉八刀”的简约功力，二是没有汉代玉器的韵味。此外，玉器上还出现了吉祥语，如“宜子孙”，这是玉器雕刻技法上具有语言内涵的内容，首现于东汉。

东汉 玉人

艺术点评

高4.1厘米，1980年江苏省邗江县甘泉二号墓出土，现藏于南京博物院。和田青玉，部分受沁泛白。圆眼，作整体人形，以“汉八刀”手法在面部琢出眉、目、嘴，头戴高冠，宽带博衣，衣领右衽，长裙曳地。腰部两侧横钻一孔，用以系挂。这种玉人，通称“翁仲”，是所见的唯一出土的实物。

柿蒂纹玉盒

艺术点评

2000多年前妇女使用的化妆品粉盒是什么样子？1997年安徽巢湖市西汉墓出土的这件柿蒂纹玉盒，为人们提供了一份珍贵的实物资料。该玉盒高4.4厘米、直径11.1厘米，现收藏于安徽省巢湖市博物馆。玉盒出土时，盒内残存有白色粉状物和一个角质篦，质地为新疆和田玉，晶莹温润。此盒为立体圆形，直壁，由盖和身两部分组成，盒身口沿镶一圈铜箍为子母口。圆圆的盖面由五组图案组成，自里向外分别为：第一组为浅浮雕柿蒂纹；第二、三组素无纹；第四组阴线饰四个对称的兽面纹，以勾连云纹相间；第五组阴线饰十二个柳叶组。五组图案用阴线弦纹相隔。盒盖周边饰勾连云纹，盒身四个对称的兽面纹，并以卷云纹相间。盒底与盖纹饰基本相同。柿蒂纹玉盒既是一件实用器，又是蕴藏着无限情感的艺术品，展现古代妇女对美丽的追求。

酒具：在玉文化发展史上，容器是科技文明发展的重要标志。我们今天制作一件容器都非常不易，在秦汉时期没有电动工具，仅靠玉登和手工，难度难以想象的。玉料硬度很大，容器的表层要求非常薄，稍有不慎便损坏一件器物。现代人对祖先非常崇敬，一是在那么遥远的岁月，人们就知道用玉制作酒具、茶具等容器来进行身体保健；二是汉代的审美情趣如此之高，容器的制作工艺如此精湛，让后人叹服。

①朱雀踏虎衔环玉卮：从考古发

西汉 朱雀踏虎衔环玉卮

艺术点评

朱雀踏虎衔环玉卮，通高13.1厘米、口径7.9厘米、底径7.4厘米、厚0.3厘米、足高1.2厘米。1997年出土于安徽巢湖北山头西汉贵族大墓，现收藏于安徽省巢湖市博物馆。卮，古代一种盛酒器，流行于战国和西汉时期，主要有玉卮、漆卮、铜镶卮等，这件西汉朱雀踏虎衔环玉卮为和田玉雕琢而成，玉质温润光泽，局部有黄褐色沁痕，卮为圆筒形，平底，三兽首形足。卮的主体为高浮雕一只展翅欲飞的朱雀，头高出卮口，口衔绞丝活环，双目微凸，两耳上翘，两腿立于高浮雕螭虎的背部，两侧的云纹羽翼层云舒卷，目视远方，神态安详，似有得意之色。螭虎虽作侧首俯卧状，但怒目突珠，张口露齿，伸头犟脖，尖爪，胸部阴线刻“滴水纹”，绞丝尾呈“S”形向上翻卷，似有不平之态。卮的另一侧高浮雕一只立熊，神态灵动，与朱雀相呼应。熊身弯曲呈环形扳手，扳手的两侧浅浮雕两只凤鸟。整个器身图案自上而下分为五层：第一层浅浮雕兽面纹；二层和四层均为浅浮雕勾连云纹；三层为浅浮雕龙纹；第五层为浅浮雕龙凤纹。古代的卮主要由盖和卮体组成，该玉卮无盖，是原本无盖，还是盖已被损坏或丢失，不得而知。

掘出土的卮来看，这件西汉玉卮具有战国遗风，上下左右四方连续纹饰，组成的图案相互对称，构图主次分明，布局错落有致，雄浑古朴。整器集高浮雕、浅浮雕、平雕及镂雕、阴线刻等多种技法于一体，设计新颖，雕琢精细。

《史记·项羽本纪》中有“赐之卮酒”，《汉书·高帝纪》：“上奉玉卮为太上皇帝。”玉卮在当时为名贵酒器，朱雀纹玉卮典雅的造型、巧妙的构思、精美的纹饰和精细的雕琢工艺，堪称汉代玉雕器皿中的珍品。

② 鎏金铜座玉杯：中国古代玉器的使用价值，在西汉时期发生了历史性的转变，上古时期占主导地位的礼玉、葬玉已开始逐渐消失，而用于实际生活的用具，如“鎏金铜座玉杯”的出现，恰恰反映了这个变化。

西汉 鎏金铜座玉杯

艺术点评

这件出土于西汉墓的鎏金铜座玉杯，是汉代金玉合制器较为精美的一件，和田玉质，洁白温润，造型新颖。通高8.5厘米、杯高4.5厘米、杯口径4.8厘米、壁厚0.12厘米。1997年出土于安徽省巢湖北山头西汉贵族大墓，现收藏于安徽省巢湖市博物馆。玉杯身直筒形，平素无纹饰，下端卡入铜座，紧密可靠。铜座上部饰一对鎏金凤鸟纹，中部细高柄上下饰凹弦纹，矮圈足饰变形凤鸟纹，凤鸟上下呼应，铜座金光闪亮。仅从玉杯上来看，十分完美，珍贵的是玉杯有了鎏金铜座的衬托而“堆金积玉”，身价倍增。此杯的形制可归入高足杯类。考古发现高足杯通常为玉雕琢，像这类金玉组合的高足杯实属少见，连皇帝也视为祥瑞。《史记·孝文本纪》载：“十七年，得玉杯。刻曰‘人主延寿’。”因此，一般不会轻易当作日常用品来使用，而是当作陈设来欣赏。

五、隋唐时期玉器健身之美（神韵之美）

这一时期由于诸多的因素，玉器风格呈现出特有的神韵。一是“玉石之路”的开通，确保了高质量玉料的输入，为制作高档次玉器奠定了坚实的基础。二是中西方文化的交流，特别是佛教文化的输入，佛教文化与道教文化、儒教文化融合，为设计制作新的玉雕作品提供了更加丰富的文化内涵和思维空间。三是经济发展和生产力的提高，“贞观之治”等盛世的出现，为玉器制作提供了强有力的经济支撑。四是思想的开放，唐代是中国封建社会最为特殊、最少约束的一个时期，是封建社会思想和文化最为开放的社会，为玉雕产品的制作拓宽了思维，由此翻开了中国玉文化发展史上绚丽的一页。金玉结合的容器、佛教飞天造型的玉器、宋代的“疙瘩件”、辽代的胡人佩饰、金代的春水秋山玉都是其中的代表作。每个类别的玉雕作品均有各自的工艺特征、文化背景、区域艺术风格和民族习俗，因而也均有不同于其他玉雕作品的神韵，这种神韵成为中国玉文化产业发展史上永恒的玉文化元素和特征，这是值得我们在研究玉文化产业发展史的时候需要特别注意的地方。当然，还有封禅的玉册和玉带板等礼仪用玉，这些在相关章节有专门的表述，不在这里详述。这一时期玉器健身之美，我们称之为“神韵之美”。

1. 金玉结合的容器

隋唐在容器上金玉并用，色泽互补，虽然没有秦汉时期耀眼，但也形成自己绚丽多彩的面貌。

①金扣玉杯：

隋代 金扣玉杯

艺术点评

此件金扣玉杯，为隋朝的盛水器，高4.1厘米、口径5.6厘米、底径2.9厘米，1957年出土于陕西省西安市李静训墓，现收藏于中国国家博物馆。玉杯由上等和田玉雕琢而成，敞口，口沿镶金带一周，深腹，假留足，平底，通体光洁无饰纹。其柔和的玉质、凝练的造型，使这件玉器虽小，却显得高贵典雅，器宇不凡，成为隋代玉器的一件代表作品。

②天鸡三耳罐：

唐代 白玉 天鸡三耳罐

艺术点评

高6.4厘米、口径4.9厘米、腹径7.5厘米。此罐由白玉制成，鼓腹，圆口，圆足，足壁镂雕3个方形孔。器表等距饰有三天鸡，作展翅直立状，圆眼头部，翅膀与爪浮雕于器身，以阴线刻出羽毛纹理，线条简洁流畅。天鸡图案造型还保留着较为原始的形象，除双翅着意刻画外，凤尾卷须尚未出现，如此形状的唐代天鸡作品非常少见。

2. 飞天造型的玉器

在唐代佛教文化传入中国后，飞天玉器之所以很快被中国的广大民众所接纳，是因为神话故事和中国的本土教——道教也有升天仙人之说，与外域佛教的飞天有异曲同工之妙。唐代的飞天玉器表现了佛教文化与道教文化、儒家文化、玉文化的融合、交流与创新，佛教的极乐天国与当时唐代的太平盛世相吻合。

翡翠 飞天（作孟超 蔡士泽）
38×36×9cm

一提到飞天玉器，我们自然想到敦煌，想到盛唐。盛唐时期最著名的爱情，莫过于杨贵妃和唐玄宗李隆基的故事了。在盛唐时期，玉雕仕女大都和杨贵妃一样丰腴柔美。

白玉 飞天（丁功博）
36×20×18cm

碧玉 四大美女 群组（张克钊）

艺术点评

中国古代“四大美女”享有“闭月羞花之貌，沉鱼落雁之容”的美誉。“闭月、羞花、沉鱼、落雁”是由精彩故事组成的历史典故：“闭月”是貂蝉拜月的故事；“羞花”是杨贵妃观花的故事；“沉鱼”是西施浣纱的故事；“落雁”是昭君出塞的故事。四大美女在古代的排法为西施居首，貂蝉次之，王昭君再次，杨玉环为末。其中西施是美的化身和代名词。

四大美女还有一说是：褒姒、西施、妲己、杨玉环，并称为“笑褒姒、病西施、狠妲己、醉杨妃”。我国最早出土的木刻年画——1909年在甘肃发现的南宋平阳木刻年画《隋朝窈窕呈倾国之芳容》也称为《四美图》，画的是王昭君、赵飞燕、虞姬、绿珠四位古代美人。此年画的原版现存于莫斯科博物馆。

这件玉雕作品用上等碧玉精心雕琢了“四大美女”，荣获2011年全国“天工奖”玉雕精品展优秀奖。碧玉《四大美女》工艺自然属中国玉雕界一流水准，“四大美女”各有特色，各有神韵，或侧目远望，或闭目遐思，或顾盼左右，真是有“闭月羞花之貌，沉鱼落雁之容”，让人不禁为之怜惜、心醉。作者的理想、心思、审美取向等主观意境，也正是艺术创新的驱动力，终于成为可以供人欣赏的艺术形象，耐人寻味。

对传统题材的传承和创新，首先是继承，其次是在继承的基础上创新，这样的作品必然会洋溢着时代的气息和工艺水准，正所谓“师古而不泥古”，这才是真正的大师，真正的治玉人。

3. “疙瘩件”玉器

宋代城市经济发展，市民阶层兴起，人们的精神和文化生活有所提高，一种叫“疙瘩件”的玉坠开始悄然流行，这是“疙瘩件”的起始朝代，应该作为玉器佩饰上的一个重要标识加以牢记。一般情况下，这种“疙瘩件”玉坠大都是用和田玉籽料来雕琢的，看上去就像一个玉疙瘩，主要特征是因料施艺、随型雕琢，不论是动物，或是花卉、人物，颇有“美玉良质，大圭不琢”的意境。玉坠和玉佩的主要区别在于：① 玉坠是圆形，或椭圆形的立体形象，用现在的话说是“三维设计”、“三维雕琢”，而玉佩一定是扁平状的，而且在雕刻工艺上重前轻后，一般正面雕琢的工艺好，而背面则忽略不计。② 玉坠是从宋代开始有的，而玉佩自新石器时代就有，而且代代相传，环环相扣，没有断代。③ 玉坠主要作为把玩的物件，而极少悬挂，现代有少量较小的玉坠也可以作为悬挂饰品，但仍主要用于把玩，或是腰间的佩饰，或是作为一个小摆件；玉佩肯定是用来悬挂的。

玉坠有一个重要的特征是，在主人把玩的同时，不仅获得精神上的美感，而且可以摩擦手中的血脉和穴位，达到强身健体和养颜的目的。

白玉 前途无量（张红哲）

8×6×6cm

白玉 仕女（张红哲）

7×6×6cm

4. 春水秋山玉

宋、辽、金的前期，辽、金与当时的北宋构成三足鼎立之势，因此在史学界有“后三国”之称。宋、辽、金各有自己浓郁的民族文化、民族习俗，这一时期的玉器自然而然会受到各种文化和生活习俗的熏陶和影响。辽代的妆形玉组饰，由剪、觿、锉、刀、锥、勺等日常生活用具组成；龙、凤、鱼形玉佩，由摩羯、双鱼、双凤、双龙、莲花组成；五毒形玉组佩，由蛇、猴、蝎子、蟾蜍、蜥蜴组成，与现代的《独霸天下》作品由蝎子、蜈蚣、蛇等组成有异曲同工之处，也可以说现代的《独霸天下》作品是在继承五毒形玉组佩的基础上创新发展的。契丹的胡人玉器作品，是由当时契丹人的发型而来，是将头顶的头发剔光，两侧头发垂于耳旁，这种发型叫“髡发”，对玉器造型产生了影响，当时就有一种玉佩饰叫“胡人”。“春水秋山”玉，春水玉是指玉器上表现春天在水边猎天鹅的场面，而秋山玉是玉器上表现金人在秋天进山猎鹿的场景。无论是宋代的玉佩饰，还是契丹的胡人玉，或是春水秋山玉，都各有自己的神韵，都可以作为玉文化发展史上特有的玉文化符号而彪炳千秋。在元代还有独山玉巨器《渎山大玉海》，已经在2011年出版的《玉乡千秋》中做过专题论述，不再赘述。

艺术点评

金代的鎏金银盒水晶玛瑙玉珠坠组合腰饰，全长37.7厘米、银盒径8.4厘米、长方形金银长5.7厘米，1973年出土于黑龙江省绥滨县中兴金墓，现收藏于中国国家博物馆。

金代 鎏金银盒水晶玛瑙玉珠坠组合腰饰

此外，在金代用于健身和美观的组合饰品件也极为精致，不仅富有显著的地域民族特征和民族习俗，做工也非常精美，可以称得上是饰品中的绝品。

在历史上，以玉养颜、健体的实践活动从新石器时代开始，至今从来没有停止过。早在殷商时期，就出现了以玉石做粉，以红花草做黛的“粉黛”化妆品。秦国宰相李斯在《谏逐客书》中曰：“则宛珠之簪，傅玑之珥，阿缟之衣，锦绣之饰不进于前，而随俗雅化，佳冶窈窕赵女不立于侧也。”此时的玉制饰品，已作为饰物流入皇宫和上层社会，“饰后宫，充下陈，娱心意，悦耳目”。东汉大科学家张衡在《南阳赋》中说：“其宝利珍怪，则金彩玉璞，随珠夜光，珍羞琅玕，充溢圆方，琢雕狎猎，金银琳琅。”这些玉饰制作好后，必然饰后宫，充下陈，成为皇宫贵族的饰品。据段成式《酉阳杂俎》记载，三国时期，孙权的宠姬邓夫人面部受伤，御医用玉面为其疗伤，痊愈后非但没有疤痕，肌肤反而较之前更加白嫩细腻。唐代医圣孙思邈在《千金药方》中提到“玉俏面脂”，意思是说用玉料制成一种美容品，可以滋润肌肤，使较黑的面部变白，改变容貌。《天宝遗事》中记载：“杨贵妃含玉咽津，以解心肺之渴。”

白玉 尊（沈水富）

10×8×6cm

白玉 母子情深（沈水富）

6×5×5cm

玛瑙 往事如烟（于 杰 柴洪亮）
35×35×12cm

从隋唐时期到元明清之前，出土的玉饰有许多，玉璧、玉龙、玉鸟、玉牌匾、玉镯、玉珠、玉扁长条形饰、玉鹰、玉鸳鸯、玉人、玉扳指、玉串饰、玉笄、玉坠饰、玉梳、玉耳勺、玉鸟首刀、玉辟邪、玉蝉、玉观音、玉佛、玉小鹿、玉如意、玉济公等，这些玉饰品多存于皇宫贵族和上层社会，成为他们强身健体和愉悦耳目的器物。

六、明清时期的玉器健身之美（高贵之美）

进入明清时期，特别是进入清朝后，由于玉文化经历8000年的历史积淀已日益丰厚，社会财富因出现“康熙盛世”和“乾隆盛世”而日益富强，玉料因缅甸翡翠玉料的进入而逐渐广泛，玉雕加工工艺因中西文化、各民族文化的交流而更加精湛，各种饰品的题材也更加多样化，饰品玉器已成为清代各阶层民俗事项和服饰广泛佩戴使用的装饰和吉祥物。加上明清时期皇室爱玉之风日盛，清代至民国时期，中国出了三个有名的爱玉之人。

① 乾隆：乾隆皇帝是继唐代的玄宗、宋代的徽宗皇帝之后，又一个出名爱玉的皇帝。他不仅不遗余力地提倡爱玉风尚，从理论上寻找爱玉的根据，咏玉的诗文有800多篇，对一些体积庞大、雕琢工艺复杂的山子，还将乾隆御书的题记、诗文琢刻于玉册上，置于精巧别致的木檀匣中收藏。台北“故宫博物院”规模并不大，却是世界四大博物馆之一，共收藏从宋至清历朝皇帝收集的稀世珍品70万件，而号称“镇宫之宝”的翡翠白菜最为人熟知，几乎成为“台北故宫”的代名词。只要提到“台北故宫”就会想到翡翠白菜。据说，翡翠白菜是清朝光绪皇帝瑾妃的嫁妆，翡翠白菜象征新娘清清白白，而白菜上的小虫则象征多子多福。再有一点，乾隆儿子们的名字全部都是玉的名字，比如嘉庆皇帝就叫颙琰，琰是一种美玉。此外，清代康熙、雍正也推崇玉，但不及乾隆那样痴迷。

台北“故宫”翡翠白菜

独山玉 包财（刘晓波 韩 涛）
26×20×19cm

翡翠 百财（赵玉谦 宋国政）

30×21×12cm

②慈禧：她酷爱翡翠。据说翡翠是因为慈禧太后的酷爱才进入中国，尔后迅速在皇室内部流行，进而受到全中国人的喜爱。由于慈禧对翡翠的钟爱，引得王公大臣竞相进献翡翠，从而带动了翡翠在中国的流通。慈禧在颐和园里有一个珠宝室，里面的奇珍异宝数不胜数，她最喜欢的是一对翡翠西瓜。相传翡翠西瓜是番邦进贡的珍品，当时市值达500万两银子。这对翡翠西瓜至少有三种以上的颜色，绿莹莹的瓜皮上带着墨绿条纹，瓜里的黑籽、红瓤、白丝依稀可见。

翡翠 四季平安（仵孟超）

27×9×8cm

翡翠 脱颖而出（王福召 王志刚）

9×6×5cm

翡翠 搏（李来旺）

13×8×8cm

翡翠 春天（焦国军）
45×13×8cm

白玉 麻姑献寿（高卫国）
11×7×2cm

其实，翡翠在我国的制造、使用和收藏历史非常短，并不像和田玉和独山玉那样源远流长，换句话说翡翠并不像白玉和独山玉那样有深厚的文化底蕴，且最初的价值并不高。产自滇缅一带的翡翠称之为硬玉，而和田玉属透闪石，是一种软玉，二者在产地、性状上大相径庭，际遇也不尽相同。纪昀的《阅微草堂笔记》记载，云南的翡翠最初并不被人们当作玉，而像“田黄”一类的美石，只是勉强俗称之为“玉”，但到《阅微草堂笔记》成书时，已经被视为珍稀之物，其价值远远超过和田羊脂玉这样的真玉。纪昀感慨，前后不过相距五六十年，翡翠的物价已经发生了如此重大变化。《阅微草堂笔记》成书于乾隆五十七年（1792年）。按照他的说法，翡翠当时在京都传播了五六十年，也就是说初传应该是在乾隆初年。“艳夺春波，娇如滴翠”的翡翠及翡翠制品逐渐成为宫廷贵族们的新宠，且民间也开始注意这种新兴的玉石，导致翡翠的价格一路上扬。慈禧太后从头上的项链，到腕上的手镯、戒面，到手中的把玩，到桌上摆放的如意等，全都是翡翠的。清代《御香缥缈录》中记载，慈禧太后每天用玉棍在面部搓、滚、摩、擦，以润肝养颜。清代嫔妃使用的太平车，也是用玉石制成的。

当年慈禧太后还有一对价值42万两白银的翡翠手镯，美国女油画家卡尔进宫为她画像时，慈禧太后戴的就是这对翡翠手镯，按照现在的市场行情估算，这对翡翠手镯现在价值起码在亿元以上。在这种皇室爱玉、赏玉、佩玉和藏玉之风的推动下，清代民间爱玉、赏玉和藏玉之风也逐渐兴起，玉器的质量和数量都达到了前所未有的高度，出现了中国玉文化发展史上的第四个高峰。

翡翠 手镯

翡翠 手镯

翡翠 手镯

③宋美龄：宋美龄非常喜欢翡翠。上世纪30年代是翡翠在上海流行的黄金时间，当时人们的服饰仍是以唐装旗袍为主，而翡翠则最能把东方美展现出来，高贵的翡翠首饰配上雍容华贵的旗袍，可谓相得益彰。所以，上海社会的名媛淑女以佩戴翡翠首饰作为时尚及身份的标志，钻石的风头亦被翡翠盖过了。宋美龄就是当时引领翡翠的先驱，她一生收藏了不少翡翠，其中最为出名的是常佩戴的翡翠麻花手镯。

陈重远1996年再版的《文玩鉴赏丛书——文物话春秋》中的“翡翠大王铁宝亭生财致富之道”一节中，对宋美龄的翡翠麻花手镯有详细描述：“三十年代中期，铁宝亭买块翡翠料，块小成色好，不足之处是有疵点，收购价格便宜了许多。他请玉工剔除疵点，制作麻花手镯一对。这对翡翠麻花手镯不但完美无瑕，而且式样新颖，碧绿如水，灵巧美观，居翠镯之冠，他以四万元的价格卖给了上海的杜月笙。宋美龄见杜夫人戴的这副翠镯十分美观，套在娇嫩的手腕上，显得娇艳非凡，便拿在自己手里看了又看，杜月笙夫人顺水推舟，借机将这对翠镯敬献。”

1997年宋美龄100岁生日宴会上，这位梳着传统发髻、身着黑色旗袍的一代名媛出现在众多宾客和媒体面前时，人们为之震动。只见她佩戴着整套翡翠首饰：翡翠耳钉、翡翠珠链、翡翠手镯、翡翠戒指。整套翡翠首饰颜色质地均属极品，宋美龄虽然已是百岁，但仍是那样雍容华贵、仪态大方，尽显高贵气质。

翡翠 戒指

18K金镶嵌翡翠戒指

艺术点评

传说此翡翠戒指为清代晚期垂帘听政的慈禧太后所有，死后随她藏入了地下，后军阀孙殿英盗墓后献给了宋美龄。此事是真是假，无人能证实。

在清代，用于健身的玉器有：皇室贵族专门使用的用具，如喝酒的杯盏、茗茶的玉壶、进食的餐具、身上的佩饰，如项链、耳钉、梳、簪、手镯、戒指、把玩、腰饰等，应有尽有，使佩玉健身的文化进入一个新的领域和高度。需要指出的是自新石器时代后，至三代，至秦汉，至隋唐，至明清，经历了礼仪化的商周玉文化、人格化的春秋玉文化、世俗化的汉代玉文化、生活化的唐宋玉文化、普及化的明清玉文化，玉文化由最初的神玉文化，发展到礼玉文化，再发展到德玉文化，玉始终是皇家贵族手中的圣物，礼用和佩玉要分等级，加上玉的数量极少，寻常百姓之家是很难佩玉的，佩玉健身只限于皇家贵族这个极少的范围内，这不能不说是玉文化发展史上的憾事。在清代出现了大量的仿古玉，这并不是为欺骗收藏者而制，因其带有很多时代的特征，对很多收藏者来说鉴定起来并不是很难，反而更增添了鉴赏乐趣。清代之所以出现大量仿古器，一方面反映出当时文化发展的延续，经济力量的繁荣；另一方面则说明当时对古玉认知的程度。汉代玉器经过近两千年的发展，至巅峰时期的清代，文化、工艺的传承，即是华夏文明传承的脉络，华夏子孙要将祖先文化发展延续，当无法避免“仿”。正确看待玉器仿制品，不仅可以提高对各朝代玉器的认识，更多的是文化内涵的诠释与理解。

翡翠 望子成龙（作孟超 袁延召）
45×32×17cm

艺术点评

望子成龙的成语出自清·文康《儿女英雄传》第三十六回：“无如望子成名，比自己功名念切，还加几倍。”中国封建社会把龙作为帝王的象征，比喻高贵杰出人物。作品中，一对老夫妇拉着稚子，指着天上的祥龙似在告诫：要奋发读书，求取功名，方能出人头地，成为国家的栋梁之材。整个作品化俗为雅，通过丰富的联想，使主题美的含蓄，美的自然，美的生动。

翡翠 书香门第（张 建 张亚楠 刘志国）
11 × 13 × 7cm

七、现代玉器健身之美（时尚之美）

到现代，特别是近30年，中国的玉文化产业进入了历史上的全盛时期，可以称得上是中国玉文化发展史上的第五个高峰。其主要特征是：

①从业人员多，全国大约有100万之众，仅河南省镇平县就有30万人。

②玉料广泛，体裁新颖。可用的玉料达到100种以上，产品体裁也由传统的四大类拓展到田园生活、保健用品、历史人物等十多个门类。尤其是白玉的制作工艺非常时尚，独山玉的田园山子雕和黑白趣人令人耳目一新。

独山玉 红纱飘舞的季节（张克钊）
23×12×10cm

艺术点评

中国玉石雕刻大师、中国青年玉石雕刻艺术家张克钊，是国内外黑白趣人雕刻的大家，被称之为“中国黑白人雕刻第一人”。此件作品是张克钊大师继独山玉《妙算》、《心路》之后的又一佳作，可以称得上是黑白趣人的经典和传世之作，应该收藏进中国国家博物馆。此作品具有三大特征：首先，是玉质上乘，作品的黑色部分和和田玉的青花籽料极为相似；白色部分玉质温润，足可以与上乘的和田羊脂玉相媲美；酱紫部分又和翡翠的翡色难分伯仲，一块玉料上的玉质兼有独山玉多种颜色及和田青花籽料、和田羊脂玉、翡翠的上乘玉料特征，十分罕见。其次，工艺精湛，一位婷婷玉立的妙龄少女，庄重、典雅，曼妙的眼眸，优美的曲线，尽显东方美女之气质，令人陶醉。再次，择色绝佳，洁白的脸庞，乌黑的头发，飘舞的红纱，还有那一袭套装，白衣黑裙，这一切是大师匪夷所思的设计和鬼斧神工的雕工所致。

③工艺精湛。由于玉文化与中西文化、各民族文化的有机融合，电动加工设备的日趋更新，全国各地域之间加工工艺的交流，使现代玉雕加工工艺达到了中国玉文化产业发展史上的顶峰。

④市场体系健全，产业链条完备，形成了从原料、培训、加工、市场、宣传、销售、品牌为一体的完整产业链。

⑤形成了全民爱玉、赏玉、佩玉、藏玉的新时尚。由于玉文化的积淀和社会财富的积累，玉器健身成为社会的新时尚，成为全社会的发展潮流，在中华玉文化发展史上，玉第一次真正走进了寻常百姓之家，是其真正意义上的民玉文化。健身的玉器种类有：一是佩饰类，主要有项链、耳钉、耳环、手镯、戒指、腰饰等。二是饮食餐具类，主要有碗、盘、茶具、酒具、擀面杖等。三是健身类，主要有健身球、梳、摩面杖、按摩器、玉枕、玉垫、玉手杖等，对人体具有养颜、镇静安神之疗效。

翡翠 咏梅（蔡士泽 王 志 王秀菊）

28×15×10cm

白玉 喜临门 正面（张红哲）

9×5×4cm

白玉 喜临门 背面（张红哲）

9×5×4cm

艺术点评

作品的突出特点：构思巧妙，简约，有浓郁的喜庆气息。作品正面简单雕琢了两个童子搭梯上房挂灯笼的有趣情景，只见厚厚的积雪而省略了房屋的刻画，让人有更加广阔的联想空间，两个童子憨态可掬，令人不禁莞尔。作品的背面，利用皮色雕刻“步步高升”四个大字，正面的灯笼与背面的对联呼应，其表现手法新颖独到，值得借鉴。

玉文化与诗文文化

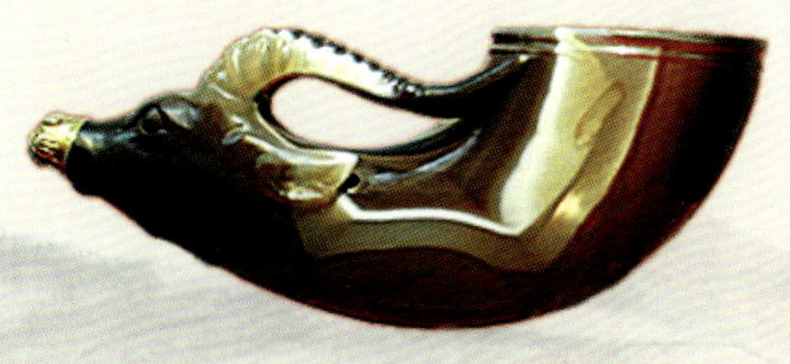

密玉 国色天香（田学峰 纪江涛）
22×11×7cm

艺术点评

作品细腻温润，恰如翡翠，作者巧妙运用镂雕、圆雕、浮雕及阴线刻等多种技法琢制，牡丹纯洁无瑕，层层叠叠，或含苞待放，或叶茎挺拔、秀叶翻卷，或舒展雅俊、充满张力，或国色天香、高贵华丽。更巧妙的是傲雪梅花做铺垫，作品有行云流水的动感，充分表达出高雅、瑰丽、娇媚、富贵的气质，可以说形神俱佳，为少有的珍品。

文学是语言艺术，是民族的精神与心灵史，也是文化的主要表现形态之一。中国文学经历3000多年不曾中断，是世界上历史最悠久的文学之一，是中国文化中最重要、最璀璨的部分。在文学的三个基本门类——诗歌、散文和叙事文学中，中国传统文学在诗歌和散文方面成就尤为辉煌，博大精深，诗文文化深刻、生动地体现着中国文化的基本精神。而玉文化在近万年的发展过程中，从诗文文化中汲取营养，创造出了不少足可以传世的艺术佳作。两种文化的碰撞与交融，铸成了中国民族文化中绚丽灿烂的一页。

白玉 荷韵（刘国皓）

26×22×2.5cm

翡翠 抬头见喜（尚志伟 蔡士泽 仵孟超）

23×16×16cm

诗歌按照一定的音节、韵律要求，表现社会生活和人们的精神世界。诗的起源大约可以追溯到上古，虞舜时期就有文献记载，《诗经》是我国第一部诗歌总集。中国的诗歌先后经历了《诗经》——《楚辞》——汉赋——汉乐府诗——建安长歌——魏晋南北朝民歌——唐诗——宋词——元曲——明清诗歌——现代诗的发展历程。其基本特点：① 高度集中、概括地反映生活；② 抒情言志，饱含丰富的思想感情；③ 丰富的想象、联想和幻想；④ 语言具有音乐美。

白玉 西潘莲瓣纹对瓶（张春风）

30×12×12cm

艺术点评

作者潜心研究玉文化及玉雕工艺加工技能，在白玉器皿件和白玉把玩件制作上很有心得，但为人处事却不张扬，就像一首无言的诗。而作者的器皿件作品却很有激情，很有张力。此白玉“西潘莲瓣纹对瓶”白如羊脂，瓶身制式优雅别致，洁白的瓶身上莲瓣纹缠绕全身，繁复华丽，更增添其风韵，就像一首激情四射的诗歌，让人读起来荡气回肠，如痴如醉，回味无穷。

一、《诗经》对玉文化的影响

《诗经》是我国最早的一部诗歌总集。它反映的历史时代是公元前11世纪到公元前6世纪左右，也就是西周初期到春秋中期。这五百年间正是中国奴隶社会从兴盛走向衰亡的时间，同时也是中国玉文化发展史上的第一个高峰。

因此，玉器在社会中的地位和影响也必然反映在《诗经》中的一些诗篇里，有关玉的诗大约有二十多首，涉及到玉料、玉器品种及用途、工艺和意识形态等各个方面。

①《诗经》中琢玉的诗：

鹤鸣（小雅）

他山之石，可以为错。……他山之石，可以攻玉。

译文：

另一座山上的石头，可以用来磨玉。别的山上的石头，可以用来琢玉。

青玉 犀牛尊（李松盈）

②《诗经》中玉器的制作工艺的诗：

淇奥（国风 · 卫风）

……有匪君子，如切如磋，如琢如磨。……

译文：

……那个人的品德和文采，如同象牙牛角经过切磋，又像美玉经过琢磨。……

③《诗经》中人的品德的诗：

小戎（国风 · 秦风）

言念君子，温其如玉。

译文：

想念正直的君子，他的品德温润，像玉一样有德。

④《诗经》中礼仪的诗：

韩奕（大雅）

韩侯入觐，以其介圭，入觐于王。

译文：

韩侯来到都城，手中持掌介圭，从容入朝拜见天子。

翡翠 瑞兽（张保国）

22×20×12cm

⑤《诗经》中描写人相貌的诗：

汾沮洳（国风·魏风）

……彼汾一曲，言采其萮（音：序），彼其之子，美如玉，美如玉。

译文：

……在那汾河的河流里，有一个采泽泻的人，那个人呀，美得像玉，美得像玉。

⑥《诗经》中佩玉的诗：

公刘（大雅）

……何以舟之，维玉及瑶，鞞（音：比）琫容刀。

译文：

……他佩着什么，玉佩和宝石，镶玉的刀鞘里插着刀。

有女同车（国风·郑风）

佩玉琼琚，……佩玉将将。……

译文：

身上戴着美丽的玉佩，……玉佩叮叮当当地响。……

白玉 踏雪寻梅（杨文双）

22×7×6cm

艺术点评

一位清婉丽人，身裹貂裘，亭亭玉立，像一枝孤傲的腊梅，在寒风中无声无息绽放。她带着今生的夙愿，带着隔世的梅香。她是不惧风雪的一派气节，是独先春光的一抹清丽，是挺立在严冬中的一种意志，是与世无争的一片高洁，在悄悄地酝酿、释放、流芳。作品玉质温润，刀工线条流畅，俏色利用绝佳。

独山玉 东方古韵（张克钊）

31×13×8cm

艺术点评

作者巧妙利用原料的色彩特点进行艺术创作，从人物形象到神态都表现得十分到位。人物作品贵在传神，此作品的精彩之处就在于准确地把握了一个少女的内心世界，从而表现出东方女性柔美与坚定的个性特征，一种落落大方的大家闺秀文雅气息扑面而来。此外，衣带的轻柔飘逸都是很好的点缀，与东方女性的清婉有机地结合在一起。

竹竿（国风·卫风）

巧笑之瑳，佩玉之傩（音：挪）。

译文：

笑时露出洁白的牙齿，戴着佩玉多袅娜。

白玉 心悦（赵显志）
6×4×4cm

独山玉 羞（董学清）
22×10×5.5cm

鸤鸠（国风·曹风）

鸤鸠在桑，
其子在梅。
淑人君子，
其带伊丝，
其带伊丝。
其弁伊骐。

译文：

布谷鸟在桑树上，
小鸟飞落在梅树间。
那有贤德的人儿，
佩带镶着白丝边的带子
佩带镶着白丝边的带子
武冠上串结着五彩玉饰。

翡翠 借问酒家何处有（赵玉谦 刘 一）
16×12×4cm

君子偕老（国风·鄘风）

……
副笄六珈，
委委佗佗。
……

译文：

玉簪插在头发上，
她那样雍容自得。

玉之瑱也，
象之揥（音：替）也
扬且之皙也。
胡然而天也！

译文：

戴着玉制的耳瑱，
和象牙雕的发梳，
她多么白皙漂亮。
简直和天仙一样！

⑦《诗经》中互赠爱情的诗：

木瓜（国风 · 卫风）

投我以木瓜，
报之以琼琚。
匪报也，
永以为好也。
投我以木桃，
报之以琼瑶。
匪报之，
永以为好也。
投我以木李，
报之以琼玖。
匪报也，
永以为好也。

译文：

她送给我木瓜，
我用佩玉赠还她。
不是为了回报她，
为了永远相爱呀。
她送给我木桃，
我用美玉赠还她，
不是为了回报她，
为了永远相爱呀。
她送给我木李，
我用美玉赠还她，
不是为了回报她，
为了永远相爱呀。

白玉 和谐（张春明）
6×5×4cm

白玉 花魁（赵显志）
8×7×4cm

女曰鸡鸣（国风·郑风）

……

知子之来之，
杂佩以赠之，
知子之顺之，
杂佩以问之，
知子之好之，
杂佩以报之。

译文：

我知道你的到来，
用串好的玉串送给你。
我知道你的爱，
拿串好的各种玉赠给你。
我懂得你对我的爱，
用串好的各种玉报答你。

白玉 浪漫情侣（周春龙）

18×11×3cm

⑧《诗经》中婚嫁的诗;

著（国风·齐风）

俟我于著乎而，
充耳以素乎而，
尚之以琼华乎而！
俟我于庭乎而，
充耳以青乎而，
尚之以琼莹乎而。
俟我于堂乎而，
充耳以黄乎而，
尚之以琼英乎而！

译文：

我伫立在门屏之间望着她，
耳边垂着白色丝绒，
还有那美丽的红玉。
我在院子里望着她，
耳边垂着青色的丝绒，
还有那漂亮的红玉。
我在堂屋里望着她，
耳边垂着黄色的丝绒，
还有那莹亮的红玉。

玛瑙 倩影（杨克全）
15×13×2cm

翡翠 甜蜜时刻（马庆超 赵玉谦 刘 一）

15×10×4cm

二、诗歌对玉文化的影响

中国文学的奠基时期在先秦，逐渐走出经学附庸，走向自觉。隋唐时期，中国封建社会达到鼎盛，文学也迎来了空前的繁荣。中国古代文学的一个显著特征，是“一代有一代之所胜”，也就是说，当一种文学样式在某个时代达到巅峰后，其艺术成就便很难为后人所超越，从而成为永久性的艺术典范。唐诗便是这样，达到了登峰造极的地步，产生了李商隐、李贺、李白、杜甫、白居易等无数灿若星河的诗人，他们在中国的诗歌领域，创造了一座又一座耸峙的高峰，留下了许许多多千古佳话。宋代是中国文学的新变时期，传统的五言诗、七言诗仍然保持着强劲的势头，而词这一新兴文学样式则完全成熟，成为代表性的文体。元明清时期，中国古代文学在内容和形式方面发生了巨大变化，传统诗文盛极而衰，带有明显市民倾向的戏曲、小说逐步在文坛占据重要地位。这是一片古老而丰厚的沃土，在这片土地上，人才丛集，名流辈出，他们似繁星点点，以各自的睿智挥洒出中华文化历史天空的璀璨与炫目；他们以其智慧的铺张与流淌，浸润出中华文化参天大树的浓盖繁荫。

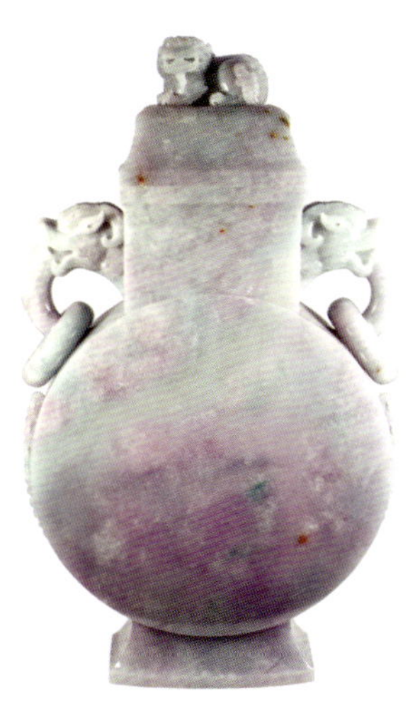

翡翠 宝月瓶（张保国）

48×38×18cm

艺术点评

作者能把翡翠的刚性和白玉的温润完美地结合起来，刚柔相济，相得益彰，加上此对宝月瓶用料奢华，造型工整，比例严谨，光素纯净，独具神韵，更显得弥足珍贵，是收藏家的青睐之物。

1. 唐诗中对玉的描写

锦瑟（李商隐）

锦瑟无端五十弦，一弦一柱思华年。

庄生晓梦迷蝴蝶，望帝春心托杜鹃。

沧海月明珠有泪，蓝田日暖玉生烟。

此情可待成追忆，只是当时已惘然。

诗的大意：

锦瑟啊，你为何五十根弦，一弦一柱都思念着昔日的青春年华。往事就像庄周梦中化为蝴蝶，又像古蜀的望帝因国亡而死化为杜鹃。明月下碧海中的鲛人泪水化为珍珠，埋在蓝田山中的美玉在阳光照射下生起缕缕轻烟。此情景不只是成为今天的追忆，就是当时也一片茫然。

白玉 痕都斯坦瓶（丁显甫）

30×16×16cm

艺术点评

此作品为白玉《痕都斯坦瓶》，是中外玉文化交流的见证和结晶。痕都斯坦这一地点还是乾隆皇帝亲自考定的，痕都斯坦位于印度北部，其工艺特征采用纯色的玉料雕琢器皿件，与我国独山玉、翡翠、白玉的择色作品形成鲜明对比，并在玉壁上镶嵌金、银丝及各种颜色的宝石，纹饰多以植物花叶为主，采用水磨技术，胎体透薄，有“西昆玉工巧无比，水磨磨玉薄如纸”之称。痕都斯坦玉的高超工艺在我国玉雕工艺的鼎盛时期——清代，传入中国，深受中国人的喜爱，乾隆皇帝便是其中一人。此后，我国的玉雕艺人便不断仿制痕都斯坦玉器，此件作品就是作者的一件“仿蕃”之作，玉质洁白温润，器型工整对称，纹饰缜密规整，技法老道娴熟，抛光精细润泽，是一件足可以传世的佳作。

采玉行（韦应物）

官府征白丁，言采蓝溪玉。

绝岭夜无家，深榛雨中宿。

独妇饷粮还，哀哀舍南哭。

诗的大意：

官府征调成年男子，说是去蓝溪采玉，在深山里连睡觉的地方都没有，只好在榛子林冒雨歇宿。给丈夫送饭的妇人独自回到家中，悲伤地在家里痛哭。

老夫采玉歌（李贺）

采玉采玉须水碧，琢作步摇徒好色。

老夫饥寒龙为愁，蓝溪水气无清白。

夜雨岗头食榛子，杜鹃口血老夫泪。

蓝溪之水厌生人，身死千年恨溪水。

斜山柏风雨如啸，泉脚挂绳青袅袅。

村寒白屋念娇婴，古台石磴悬肠草。

诗的大意：

采玉呀采玉，要采那些碧绿透亮的，用来琢成步摇（古代贵妇头上的首饰，走时能摇动），图的是好看。采玉工忍饥挨冻地采玉，连水中的龙都发愁了，因为整天搅得蓝溪混浊不清。夜里下雨，采玉老人只好在山岗上打榛子吃，眼泪好像杜鹃悲啼时的口血。蓝溪的水仿佛厌恶生命一样，淹死的无数采玉人，千年后也无法消除对溪水的怨恨。暴风雨呼啸着穿过柏林山坡，系着长绳晃动的采玉人还得下水。思念在那荒村茅屋里的幼小儿女，不禁看着那古台阶上的悬肠草。

凉州词（王翰）

葡萄美酒夜光杯，欲饮琵琶马上催。

醉卧沙场君莫笑，古来征战几人回。

唐代 兽首玛瑙杯

艺术点评

唐代兽首玛瑙杯，又称镶金兽首玛瑙杯，通高6.5厘米、长15.6厘米、口径5.9厘米，1970年在陕西省西安市南郊何家村唐代窖藏出土，被评为国家级文物，现收藏于陕西省历史博物馆，是该馆的镇馆之宝。兽首玛瑙杯选材酱红地缠橙黄夹乳白色缟带的玛瑙，是至今所见唐代唯一的一件俏色玉雕，也是唐代玉器做工中最为精湛的一件。从轮廓上看，这种形以兽角弧形的酒杯，也称为角杯，起源于西方，希腊人称之为“来通”，后传播到亚洲，这种兽首杯可能是中西文化交流的结晶。

“因材施艺，俏色巧用”是作品的最大特色，作者在玉材的小端雕琢出惟妙惟肖的兽头，把纹理竖直的粗端雕琢成杯口，而口沿外又恰好有两条圆凸弦，线条流畅自然，天衣无缝，巧夺天工。兽首圆眼、大耳，目视远方，目光炯炯有神，其形象，面部酷似牛，两只弯弯的角酷似羚羊角，具有抽象的神奇效果。作者巧妙利用俏色技巧，将兽眼刻画得黑白分明，形神俱佳，真正达到了“点睛”的效果。兽头上的肌肉仅用了寥寥数刀，已入木三分，两只角弯曲粗壮有力，凝结着力量和生命；两耳高高竖起，仿佛在聆听世间的声音，整个造型显示了强烈的动态之美。此外，兽首玛瑙杯还实施了金玉镶嵌的艺术处理，看上去金光耀眼，不仅克服了兽嘴处材质色泽太深的不足，使兽头的造型分外突出，这在唐代实属不易。

2. 玉文化与诗歌文化融合的玉雕经典之作赏析

诗歌的主要特征是激情四射，富有想象，语言具有音乐美。而中国的玉雕作品是表现艺术，是创意门类，特别是现代的山子雕作品根据玉料的特点进行创意设计，而世界上的玉料没有一块同样的，这就需要玉雕艺人根据玉料的变化，运用创造性的思维，去进行丰富的想象，这个特点正好与诗歌的表现手法相吻合。诗歌所流露出的激情、所表现出的主题思想，给了玉雕艺人以极大的启迪，给了玉雕艺人以感染和动力，甚至有的诗歌表现的场景和玉雕艺人所要制作作品的场景是一致的，这样玉雕艺人就以某一首诗为题创作出一些不朽的作品来。中国的玉雕作品特别是中国的近代和现代山子雕作品，正是玉雕艺人不断从诗歌中汲取营养的结晶，从而实现了诗歌文化与玉文化的交融，不仅使诗歌文化得以发扬广大，玉文化产品的文化内涵也得到了极大的丰富和提升。

诸如，李白的《望庐山瀑布》、《黄鹤楼送孟浩然之广陵》、《玉阶怨》、《赠汪伦》，白居易的《长恨歌》，苏轼的《念奴娇·赤壁怀古》，范仲淹的《岳阳楼记》，曹操的《步出夏门行·观沧海》，王之涣的《登鹳雀楼》等，都是玉雕大师们设计制作玉雕作品的热门题材。

（1）独山玉《送友人》

《送友人》（唐 李白）

青山横北郭，白水绕东城。
此地一为别，孤蓬万里征。
浮云游子意，落日故人情。
挥手自兹去，萧萧班马鸣。

独山玉 送友人（仵孟超）

22 × 13 × 8cm

艺术点评

作品采用上等粉红色独山玉料精心巧雕而成，玉料质地坚密，光滑细腻，色泽艳丽，十分养眼。作品造型优美、大气，雕工精湛传神，就玉料质地和雕工而言，属当今一流。

作品生动再现了李白《送友人》的场景，流水潺潺，浮云环绕，落日西沉，照得大地一片霞光，云在山中飘，两位老友在惜惜依别，可以说有情有景，情景交融。“萧萧班马鸣”，马犹如不愿离群，何况人乎？此情此景，感人至深，烘托出世间友情的可贵。

（2）独山玉《春》

《题玉兰》（明 沈周）

翠条多力引风长，点破银花玉雪香。
韵友自知人意好，隔帘轻解白霓裳。

独山玉 春（刘晓波 韩 涛 马海军）

150×80×35cm

独山玉 春 局部（刘晓波 韩 涛 马海军）

艺术点评

玉兰花外形极像莲花，初春时开放，常在一片绿意盎然中开出大片的白色花朵，芳郁的香味令人感到清新可人。玉兰花代表着一种一往无前的孤寒气质和决绝的勇敢，但不失优雅和款款大方。玉兰花还含有丰富的维生素、氨基酸和多种微量元素，有祛风散寒、通气理肺之效；或制作小吃，或泡茶饮用均可。

玉兰花为上海市市花，2005年北京邮票厂还发行了玉兰花特种邮票，一套共四板，分别是玉兰、山玉兰、荷花玉兰、紫玉兰。

此作品独山玉《春》，选材于独山玉中十分珍贵的粉红色玉种。玉质温润，几株玉兰花依山盛开，白中透红。白的圣洁高贵，粉的清新明目，或娇嫩纤柔，悠然开放；或寒中吐秀，清香溢远；或舒展自然，笑迎春色；或风情万种，风韵无限。犹如曲线曼妙、婀娜多姿的少女沐浴在春光里；又仿佛是黑暗中的一束火苗，似乎是春的萌动和燃烧给人们带来了希望和光明；还如同一首温馨的诗，一幅迷人的画，让人感动，令人陶醉。

此作品系圆雕和镂空雕刻的结合，雕工精美，整个作品充满了黑与白、白与红的鲜明对比，疏与密的合理流动，动与静的遥相呼应，意与象的融合贯通。极具视觉冲击力，荣获2011年全国“天工奖”玉雕精品展金奖。

（3） 玛瑙《长生殿》

玛瑙 长生殿（宋世义）

长生殿是唐都长安城郊的皇家园林，即今天西安市临潼区的华清池。长生殿最早建于唐代天宝六年（公元738年），为供奉唐高祖李渊、太宗李世民、高宗李治、大圣皇后武则天、中宗李显、睿宗李旦及追封的太上玄元皇帝老子李耳，共七位皇帝灵位之地，所以唐代该殿也称为七圣殿。

长生殿曾是唐玄宗与杨贵妃七夕盟誓之地。每年农历七月初七牛郎织女相会的日子，也是中国的情人节。白居易的《长恨歌》是描写李隆基与杨玉环爱情的长诗，最后几句尤为传神："七月七日长生殿，夜半无人私语时。在天愿作比翼鸟，在地愿为连理枝。天长地久有时尽，此恨绵绵无绝期。"如今的长生殿，已经成为璀璨夺目的唐代文物与遗址资料的历史陈列展厅。

作者以白居易《长恨歌》里描写的李杨爱情故事为题材，匠心独运地设计制作了玛瑙《长生殿》这件佳作。作品利用天然的半圆形原料形体，隐喻七夕的上弦月，后面黑色主体料雕成深色的宫苑、亭台楼阁，错落有致；前面瓷白料雕琢成唐明皇与杨贵妃在窃窃私语，倾诉着相思之情、离别之恋，两人在对天盟誓。左上角圆形绛紫色刻成"长生殿"的篆体字。右上角红色相间的俏色恰好构成红白比翼鸟飞翔的象征性图案；中间夹有蓝灰色层，造成了烟雾朦胧之势，微风轻拂，香烟袅袅升起。在构图处理上，吸纳了现代舞台效果，黑色雕栏砌玉、山石树木、亭台楼阁等建筑为背景，天幕白色人物好似舞台上的灯光，前后烘托，人物影像清晰，形象优美，在夜风中紧紧相依，难舍难分，十分动人。整个作品做到了动与静、曲与直、虚与实、黑与白、具体与抽象、现实与浪漫的巧妙处理，在沉郁的黑色背景衬托下，使这一切如在如梦如幻的月色中，诗中有画，画中有诗。作为诗，诗有尽而情未了；作为画，画有尽而意无穷；作为一个绝佳的玉雕作品，能达到如此耐人寻味的艺术境界很难，但中国工艺美术大师宋世义先生做到了，他是中国玉雕界的真正治玉"高手"。

（4） 独山玉《荷韵》

《荷花》（杨万里）

红白莲花开共塘，
两段颜色一般香。
恰似汉殿三千女，
半是浓妆半淡妆。

独山玉 荷韵（刘晓波）
36×22×12cm

艺术点评

荷花又名莲花、水芙蓉、中国莲、玉环、六月春，是澳门特别行政区的区花，也是有“泉城”美誉的山东省会济南和孔孟之乡济宁的市花。在济南大明湖里和苏州园林拙政园里有许多婀娜多姿的荷花，亭亭玉立、清香溢远。荷花的花语：清白、坚贞、纯洁。有“白色为莲，红色为荷”之说。北宋周敦颐写了“出淤泥而不染，濯清涟而不妖”的名句后，荷花便成为“君子之花”。

我国种植荷花的历史非常悠久，《周书》有“薮泽已竭，既莲掘藕”的记载。

荷花与佛教文化、玉文化、绘画艺术都有千丝万缕的联系。观音座下是莲花宝座，在佛教中荷花的身影随处可见；玉雕作品中的荷花佳作屡见不鲜，《荷韵》便是其中之一。

此件作品，玉质上乘，黑如木炭，没有一点杂色；白如羊脂，白中透水，玉质温润，在独山玉中这样黑白俱佳的玉料十分难得。在设计方面，作者匠心独运，依料施艺，荷花犹如醉卧的美女，面含娇态，朦朦胧胧，再加上工艺上的精细，使该作品极具市场竞争力，荣获2011年全国“天工奖”玉雕精品展最佳工艺奖，是收藏家不可多得的珍品。

（5） 白玉《忆江南》

白居易 忆江南 词三首

①江南好，风景旧曾谙；日出江花红胜火，春来江水绿如蓝，能不忆江南？

②江南忆，最忆是杭州；山寺月中寻桂子，郡亭枕上看潮头，何日更重游？

③江南忆，其次忆吴宫；吴酒一杯春竹叶，吴娃双舞醉芙蓉，早晚得相逢。

白玉 忆江南（刘国皓）
13×7×2.5cm

艺术点评

这三首词是诗人卸苏州刺史职，回到洛阳以后所作。第一首摄取一年之春的江南景色。“日出江花红胜火，春来江水绿如蓝”两句犹为精妙，是诗词中千古流传、脍炙人口的佳句，让人有急欲一睹为快之感。第二、三首便具体化了江南之美，“山寺月中寻桂子，郡亭枕上看潮头”“吴酒一杯春竹叶”，既浪漫又真实，能不让人心醉？

作者选取上乘的和田籽料，取江南水乡一景，精心雕琢了《忆江南》佳作，可谓工艺精湛，与大诗人白居易所写的三首《忆江南》有异曲同工之妙。此作品虽属玉牌，却以小见大，构思并不局限于一个平面，而将顶部的屋檐做了立体设计，从而使整个图景充满了似真似幻、呼之欲出的美感，成为作品出彩的亮点。只见清晨的江南小巷非常寂静，初升的太阳照得小屋披上霞光，道路曲径通幽，回转着流畅的线条，刀工非常流畅舒展，营造出江南的唯美图景，别具情调。

（6）白玉《夜游赤壁》

白玉 夜游赤壁（刘国皓 苏明奇）

26×15×3cm

《念奴娇·赤壁怀古》（苏轼）

大江东去，浪淘尽，千古风流人物。故垒西边，人道是、三国周郎赤壁。乱石崩云，惊涛裂岸，卷起千堆雪。江山如画，一时多少豪杰。　遥想公瑾当年，小乔初嫁了，雄姿英发。羽扇纶巾，谈笑间，樯橹灰飞烟灭。故国神游，多情应笑我，早生华发。人生如梦，一樽还酹江月。

艺术点评

这首词是神宗元丰五年（1082）7月，苏轼贬居黄州时游城外的赤壁所作，是宋词中流传最广、影响最大的作品，也是豪放词最杰出的代表，可以称为“千古绝唱”。大师以苏轼的《念奴娇·赤壁怀古》为主题，选择上乘的独山玉为原料，匠心独运地设计制作了《夜游赤壁》作品。只见皓月当空，一轮明月挂在天际，苏轼乘扁舟夜游赤壁，陡峭的山崖高耸入云霄，汹涌的骇浪猛烈搏击着江岸，滔滔的江流卷起千万堆澎湃的雪浪，使人不由得想起当年周郎建立丰功伟业的情景，让人感慨万千，把思绪带入江山如画、奇伟雄壮的景色和深邃无比的历史沉思之中。

作者不仅构思巧妙，做工也极佳，俏色利用十分到位，黑黝黝的远山、明月、海浪，融景物、人事感叹、哲理于一体，给人以撼魂荡魄的艺术力量。

(7) 独山玉《江雪》

独山玉 江雪（刘晓强 董学清）

26×16×8cm

艺术点评

诗人用寥寥二十个字，勾勒出悲郁苍凉的大场景。玉雕大师用简约的刀法雕琢出与诗人相同的画面：飞鸟绝迹的群山，渺无人迹的古道，一切都被皑皑白雪覆盖，大地一片洁白，成了雪的世界、冰的海洋，无比空旷寂寥。在这一点上，独山玉的白色也发挥到了极致，不用雕琢，不用描绘，自然天成。这正是玉雕大师绝顶聪明之处，巧用俏色，依色施艺，绝对是“高手”所为。著名诗人与玉雕大师息息相通，心有灵犀。在大场景和细节的把握上，大师把诗人的意境具体化了：冰雪锁江，一叶扁舟凝固在江面上，一渔翁身披蓑衣，头戴斗笠，手持钓竿，淡然若定。此情此景，真是天地融为一体，合为一色，这弥漫天地的冰雪世界，竟被这水上的一枝鱼竿悄然钓定，仿佛身披蓑衣、头戴斗笠、手持鱼竿的渔翁钓的不是鱼，而是天地一色的整个世界。

（8）独山玉《菊花》

《菊花》（元稹）

秋丛绕舍似陶家，
遍绕篱边日渐斜。
不是花中偏爱菊，
此花开尽更无花。

独山玉 菊花（刘晓波 马海军）

38×15×28cm

艺术点评

独山玉丰富的色彩、优美的玉质，更适合做色彩艳丽的玉器，正是基于这一点，作者才匠心独运，利用独山玉的特征，刻意制作了《菊花》这件作品，正所谓物尽其用。

此作品处于一种平静祥和的氛围当中，以菊为主，以牡丹为辅，辅之以小鸟、草虫等。争奇斗艳的菊花和盛开的牡丹，色泽艳丽，却艳而不骄，看似毫无条理，却又始终处于井然有序之中。虽然都是大自然中最普通的花、鸟、草、虫，但作者却赋予它们一种永恒的美感，赋予它们生命，有一触即动的感觉，绝非一般标本那样死板，仿佛使人置身乡郊，听见虫儿在花上鸣叫，听见鸟儿在对话，使人暂时放下生活的烦乱，忘却自我。

作者以率真老辣的刀功、鲜艳亮丽的色彩、生动自然的造型，以及天真童趣的心灵和奇特的想象力，创造了一首大自然的诗歌，一曲无声的乐章。

（9） 独山玉《国色天香》

独山玉 国色天香（刘晓波 马海军）

38×18×12cm

艺术点评

此作品为独山玉精心雕琢的《国色天香》。一朵牡丹白如凝脂，两朵粉红，均为从花蕾刚刚开放状，一白一红，煞是好看。

牡丹是中国固有的传统花卉，有数千年的自然生长和两千多年的人工栽培历史。其特征可用八个字概括：花大、形美、色艳、香浓，更重要是牡丹文化底蕴十分丰富。由《诗经》进入诗歌，由药用植物而记入《神农本草经》，由绘画而进入艺术领域，由隋炀帝在洛阳建西苑而涉足皇家园林，特别是历代著名诗人对牡丹赞美有加，刘禹锡的“唯有牡丹真国色，花开时节动京城”，脍炙人口；李白的“云想衣裳花想容，春风拂槛露华浓”，千古绝唱；欧阳修的《洛阳牡丹记》，名满天下；李隆基和杨玉环对牡丹的酷爱，流芳千古。牡丹素有“国色天香”、“花中之王”的美称，长期以来被人们当做富贵吉祥、繁荣兴旺的象征，代表着中华民族泱泱大国之风范。

相传，天授二年腊月初一，长安大雪纷飞，武则天饮酒作诗，乘兴醉笔写下诏书：“明朝游上苑，火速报春知，花须连夜发，莫待晓风吹”。百花慑于此命，连夜开放，独牡丹不违时令，闭蕊不开。武则天盛怒之下，将牡丹贬出长安，发配洛阳，并施以火刑。牡丹遭此劫难，体如焦炭，却依然在严寒凛冽中伫立，来年春花开更艳。

牡丹文化是精神文明和物质文明相结合的产物，从古今发展的历史上看的确如此，太平盛世看牡丹，“国运昌时花运昌”。

（10）独山玉《枫桥夜泊》

《枫桥夜泊》（唐 张继）

月落乌啼霜满天，
江枫渔火对愁眠。
姑苏城外寒山寺，
夜半钟声到客船。

艺术点评

张继，唐代诗人，博览有识，好谈论，知治体，后投笔从戎。张继有《张祠部诗集》，其中以《枫桥夜泊》一首最为著名。

天将破晓，乌鸦开始了声声鸣叫，全身彻骨的寒意让人感觉到四面八方弥漫着霜华，诗人对着徐徐的江风和时隐时现的渔火，感到孤单寂寞，忽然听到寒山寺的阵阵钟声，更增添了淡淡的忧愁。《枫桥夜泊》的艺术价值，在于描绘了一幅色彩鲜明、情景交融的夜泊图画，抒发了一种孤寂寥落的心情。

作者选用上乘的独山玉玉料，以唐代诗人张继的《枫桥夜泊》为蓝本，精心制作了《枫桥夜泊》这种作品，可以说是诗人《枫桥夜泊》情景的再现。东方欲晓，微风阵阵，船下的潺潺流水不时荡起一串串小小的浪花，远远望去，寒山寺在夜深人静时轮廓更显得清晰，从视觉、听觉和触觉三个方面描绘了《枫桥夜泊》的环境和诗人的感觉。唯独不见枫桥，给人留下了无限的遐想。

穿越时空，似乎听到了张继落第失意后的感慨；观看国宝，欣赏当代玉雕大师的独特创意和鬼斧神工；聆听歌曲《涛声依旧》，感受当代人的离别愁绪，又别有几番滋味在心头。

独山玉 枫桥夜泊（王志亚）

21×15×9cm

（11）独山玉《暗香》

王安石《梅》

墙角数枝梅，
凌寒独自开。
遥知不是雪，
为有暗香来。

独山玉 暗香（张 静）

86×32×22cm

艺术点评

此作品可称得上：“奇”、“艳”、“精”。“奇”，是一般雕刻梅花都是表现冬去春来的情景，有房舍、远山等陪衬物。此作品的作者却一反常态，只雕琢了一棵梅花树，且树干粗壮，树枝短粗，稀稀落落，观之与盆景梅花一般，另有一番“奇”趣。“艳”，粉红色的独山玉是近年来刚发现的新贵，十分稀少，且一般色泽很淡，此作品中的粉红色十分鲜亮，水头又足，作者用粉红色去精心雕琢数朵盛开的梅花，再自然、再贴切不过。一只小鸟落在树枝上，宛如在告诉人们：春天来了。一件作品择色到这种程度，十分难得，正所谓“功夫不负有心人”，表现了作者高旷的胸怀和审美情趣。“精”，是作品虽看似粗壮，却刀工流畅，意到神现，不滞于物，有一种返璞归真的感觉。

好作品如诗、如画、如文，让人读之不尽，回味无穷，斯品足以当之。

三、散文、叙事文学对玉文化的影响

春秋战国是我国古代文学发展的第一个高峰时期，产生了以诸子散文为代表的历史叙事散文、论说散文和寓言。先秦诸子中，如老子、墨子、庄子、韩非等，他们不仅是思想家，而且是著名的散文家和寓言家。诸子的作品，既是中国文化的元典，也是中国文学的瑰宝，对玉文化发展影响甚大。老子的《道德经》五千言，是我国第一部用韵文写成的哲学著作，语言简练，对比工整，被称为“哲学诗”。《墨子》是我国历史上最早的论辩文集，其文用设问和比喻，使论述深入而通晓明白。《庄子》善用寓言和历史故事，想象丰富，汪洋恣肆，仪态万方。郭沫若说：“秦汉以来的一部中国文学史，差不多是在他《庄子》的影响下发展的”。《韩非子》风格峭拔，语言犀利，哲理透彻，逻辑严密，是论说文成熟的标志，也是中国古代寓言的代表作。玉雕界的玉雕艺人们正是从老子的“哲学诗”中，从《韩非子》的寓言故事中汲取营养，开阔视野，创作出了《老子出关》。并从其他文学作品中吸收营养及创作灵感，设计制作了《竹林七贤》、《程门立雪》等精品佳作。

白玉 竹林七贤 正面（刘国皓）

12×8×2.5cm

白玉 竹林七贤 背面（刘国皓）

12×8×2.5cm

白玉 扑蝶图（柴艺杨 门科 门岩）
28×10×12cm

四、传奇小说对玉文化的影响

传奇小说是唐代新创的文学样式，元稹的《莺莺传》，叙述张生与崔莺莺的爱情故事，文笔优美，刻画细致，是唐代传奇小说的代表作，后世王实甫的《西厢记》即据此改编。中国的玉雕大师们还在传奇小说的基础上创作出了《昭君出塞》等作品。

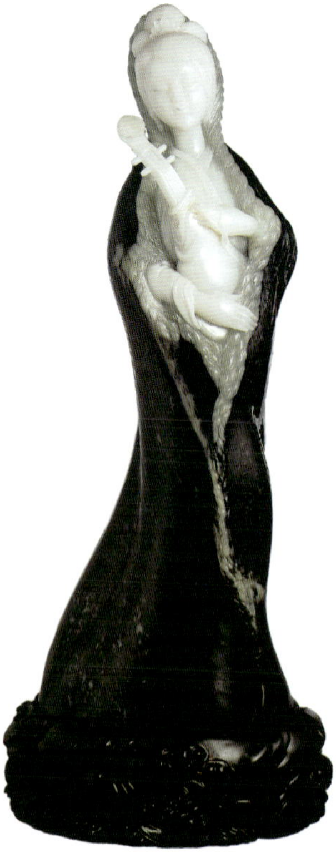

独山玉 昭君出塞（张克钊）

玉文化与音乐文化

独山玉 清明上河图（吴元全 仵孟超 黄 旭 高德强）

263×110×55cm

艺术点评

巨型独山玉玉雕作品《清明上河图》重达三吨，比清代最大的玉雕巨作白玉《大禹治水》还要大几倍。作品以宋代张择端《清明上河图》中最为精彩的部分——“虹桥”一段为蓝本，精心雕琢而成，艺术地再现了宋代汴京的繁荣景象。

作者充分利用独山玉的自然色彩，顺色施艺，巧用俏色，使作品有来自大自然的天然美感和神韵。作品雕刻人物400余个，个个神采不同；舟楫50余艘，艘艘形态不一；车、马、动物不计其数，雕工极为繁复。飞虹卧波，店铺林立，大至原野、河流、商店、树林，小至人物、舟车、桥梁、动物，均形神兼备，栩栩如生。

整个作品艺术高雅，大气磅礴，用色精妙，层次分明，生动自然，纤毫毕现，是一件足可以传世的艺术珍品。

在中华民族文化史中，以玉制作的乐器是玉文化和中华民族文化的一个重要组成部分。玉质乐器是中国文明区别于世界文明的一个重要标志性特征，是我国文明演变的特殊方式，也是中国玉文化的重要内涵，更是中国治国典章的重要内容。我国玉文化的历史非常悠久，且没有断代和缺环，出土有大量精美的玉器，而其中不乏玉质乐器，这些玉质乐器是我国玉文化中的瑰宝，是中国古老文明不可缺少的部分。玉质乐器的阵势浩大，蔚为壮观。

我国古代玉质乐器和现代玉质乐器，主要有三种：①打击乐器：玉磬、玉编磬、玉铃、玉琴、玉掉板、玉琵琶等。②吹奏乐器：玉笛、玉排箫、玉笙等。③拉奏乐器：玉质二胡、玉质板胡等。

黄玉 红梅颂（李红伟 宋金远）

17×15×6cm

一、新石器时期

古籍中早有记载："黄帝吹玉笛"、"大禹爱磬乐"等。晋书载："黄帝作律，以玉为管"，"至舜时，西王母献昭华之王宫"。"伏羲氏灼土为埙"。说明埙这种陶土烧制的乐器出现在三皇五帝那遥远的年代。有的埙呈倒置螺形，顶端有一圆表吹口，为五音孔埙，近低处一面有倒品字形音孔3个，另一方面有左右对称的音孔2个，一大一小，形制相同，均作平底。经测音，可发11音，可以吹七声音阶，音色苍凉忧郁，如泣如诉。这种中国特有的闭口气振乐器，保存了一个古老的音响世界，引导人们走入一个苍茫悲怆的意境之中。

埙

青玉 玉埙

独山玉 知音（陈广利）

28×10×25cm

在距今约8000年的河南舞阳贾湖裴李岗文化遗址，先后出土了新石器时代的石斧、石铲、石磨盘、石磨棒等磨制石器212件，其中就有7孔骨笛，已具备了七声音阶结构，至今还可以吹奏出旋律。那时的人们在丘岗临河处住着单间、双开间、三开间或四开间的茅草房。男人们耕田、打猎、捕鱼；女人们加工粮食、饲养畜禽，还带着孩子在家里用鼎之类的石器或陶器灶火做饭，用陶纺轮车和骨针制作苎麻一类的衣服。除了生产之外，他们还有简单的文化生活，在骨器和石器上契刻符号或原始文字用以记事，将烧制的陶器工艺品摆放在案头观赏。休息时，男人们拿起石片、陶片，和着七孔骨笛伴奏，女人们打扮得花枝招展，发髻梳得高高的，头上插着骨芊，身上佩着骨饰和绿松石等，欢乐地跳舞，庆贺丰收或喜事，这就是玉质乐器的功效。1994年春，在内蒙古自治区赤峰市松山区喇嘛地乡哈拉海村南山，发现了一支单吹孔无音孔横吹的白玉玉笛。在河南舞阳贾湖遗址也出土了新石器时代的骨笛。

白玉 吹箫引凤（高卫国 李志超）

10×10×4cm

距今4000—5000年的龙山文化山西襄汾陶寺遗址出土了头饰、项饰、臂饰、石磬等。石磬通常用石灰岩打制而成，长80~90厘米。另外还出土一对木鼓，鼓腔作直筒形，高1米，直径0.4~0.5米，系树干挖制而成，外着红彩或以红色为地，用黄、白、黑、蓝诸色描绘出繁缛的纹饰，以鳄鱼皮蒙鼓，这些都是已发现的古代同类乐器中最早的珍品。此外，在山西襄汾大岗堆山、河南禹州、青海乐都柳湾等遗址，都发现了石磬。这些石磬、玉笛、木鼓等，组成一组系列的乐器，形成了我国古代石质乐器及礼乐制度的雏型，是我国早期玉文化的主体部分之一，揭开了我国古代文明的序幕。

独山玉 古筝

二、夏商周时期

三代时期是我国玉文化发展史上的第二个高峰，由于出现了铜砣，玉器加工工艺有了长足的进步，玉质乐器也在其中。在《吕氏春秋·仲夏》中有这样的记载，大禹命皋陶作《大夏》九成，以昭其功。这是夏代有名的乐舞，后经西周改编，到春秋时期仍是各国雅乐。而在《史记》中记载，到了舜时，就设立了音乐的专职机构，命夔管理乐教，并作《大韶》之乐。后世的孔子对韶乐赞叹不已，说韶乐听了可以使人“三月不知肉味”，由此可见韶乐的魅力之大。商代早期的偃师二里头玉文化遗址三层、四层不仅出土了玉质石磬，而且著名的七孔刀也在其中。山西夏县东下冯玉文化遗址的二里头文化三期和晚期、辽宁北票夏家店下层文化、内蒙喀喇沁旗、山西府夏家店文化下层等地，都有特磬的出土，遍布中东部地区。在郑州商城的石佛小双桥二里岗文化遗址中，还发掘出了反映商代中期礼乐制度的大石磬和长方形石圭，器物造型优美，抛光技术较高。商代典型的玉质乐器主要集中在河南安阳殷墟的妇好墓中，墓主人非常喜欢玉，也非常喜欢音乐，妇好墓出土的玉器有三个特征：①玉器作品数量大。妇好墓出土的玉器多达700多件，在作玉坊里还清理出残存的石料600多块和经过加工的200多块玉料及部分玉雕作品，器件造型特殊，富于想象，制作技艺新颖，抛光技术好。②首次发现俏色玉器。俏色玉龟的发现，打破了明清才有俏色玉的说法。③石质乐器多。1976年在殷墟妇好墓中出土刻有铭纹的石磬。其中，在武官村大墓，出土了虎纹大石磬，磬长84厘米、高42厘米、厚2.5厘米。小北屯村出土的龙纹石磬长88厘米，是我国遗存最完整的大型乐器，三个一组的编磬，声音清越悠扬，音律准确。

商代 凤鸟纹石磬

艺术点评

商代凤鸟纹石磬，长26.5厘米、宽8.2厘米，为商王武丁时期的玉质乐器，1976年出土于河南殷墟妇好墓，现收藏于中国国家博物馆。磬为传统乐器之一，妇好墓内出土多件石磬，分直方型和曲展型两类，有的表面还刻有文字。虽然乐器不是妇好墓玉器的主体，但却是重要的构成之一，标志着商代的礼乐制度还在形成之中。此器呈长方形，圆形挂孔。两面纹饰相同，均为阴线刻凤鸟纹。凤鸟顶部有弧形冠，勾喙，“臣”字眼，桃形大耳，双翅并拢，尾端内卷，足直立，雕刻有尖爪。

此外，在殷墟西区文化四期、殷墟侯家庄西北岗、山西灵石旌介村殷墟后期墓葬、陕西兰怀真坊商代遗址、河北藁城台西村二里岗等地都有特磬出土，并且殷墟西区四期奴隶主墓二层出土了五块石灰石石磬和刻有铭文的编磬（现存故宫）。河南鹿邑长子口太清宫镇的中型大墓中，也有石编磬和骨排箫等器出土。由此可见，商代石磬不但出土量较大，造型好，制作水平高，而且器件上刻有铭文和虎纹。同时，在地域上也扩大到黄河中游，为周代石质乐器和礼乐制度的发展奠定了基础。周代是我国石质乐器和礼乐制度非常突出的王朝，玉器的礼制成为政治生活中不可或缺的载体，加上铁砣的出现，极大地促进了石质乐器的制作水平和数量。因此，周代制作玉质乐器带有一定的普遍性，在河南平顶山应国西周30余座墓葬中，有成套的石编磬及铜编磬、铃。在河南三门峡上村岭西周九鼎大墓中，发现了乐器四套，其中石编磬两套及甬编钟一套、钮编钟一套。在陕西长安张家坡西周晚期墓等，都有成组或成套的编磬出土。在河南安阳殷墟西区墓葬出土了商代的鱼形石磬，在河南淅川下王岗也有周代石磬的发现。

独山玉 编磬

翡翠 知音

22×18×14cm

三、春秋战国时期

春秋战国时期的政治表现为礼崩乐坏，各诸侯国各行其是，礼乐制度在继承周代的基础上有了较大的发展，各诸侯国在礼仪上擅自提高自己的规格。因此，石（玉）质乐器也就有了需要和空间。据考古资料，玉质乐器特别是石编磬发现较多，主要分布于河南、湖北、山西、安徽、河北、陕西等省。具有代表性的有：

春秋时期 下寺楚墓 石排箫

青玉 玉排箫

① 河南淅川下寺春秋楚墓葬中，出土了石编磬13件，石排箫1件。

② 1958年在河南信阳长台关的战国中期2号大型墓中，出土了我国十分罕见和最早的两套木编磬，还出土了一套13枚铜编磬和13枚木编钟，铜编钟音律准确，中央广播电台还用该编钟演奏了《东方红》。

③ 湖北战国早期的曾侯乙墓，被称为“礼乐地宫”，出土了一套保存完好闻名中外的铜编钟和一套石磬，并刻有铭文。磬32块，分上下两层四组挂于铜质磬架上，磬的形制相同，大小厚薄各异，磬架有两个立柱及两个横梁组成，通高1.09米、宽2.15米，每磬一音，为12个半音列，音域跨三个8度，音色清脆明亮。

④ 湖北江陵纪南城出土战国石编磬25块，其中有精美的彩绘凤纹石磬、凤鸟纹石磬，花纹清晰，简洁流畅，图案繁缛精致，在我国古磬中罕见。最大者61厘米，乐器音质优美，音域广阔，最少包括三个8度，至今人们仍可演奏乐曲。由此可见，春秋战国的编磬乐器，在乐理和实践方面都有了重要的飞跃，形成了自成体系的风格，把商周以来的礼乐制度向前推进了一大步，极大丰富了我国玉文化的内涵。

独山玉 钮钟

四、汉唐时期

汉代的社会生产力有了飞跃的发展，孔子的“德玉文化”理论已普遍为人们所接受。因此，玉质乐器普通使用，其礼乐制度基本上是“汉承秦制”。据西晋葛洪的《西京杂记》载：“汉高祖入咸阳周行府，库有玉笛，长二尺三寸，六孔。”《汉书·礼乐制》称：“成帝时，犍为郡于水滨得石磬十六枚。”《晋书·律历志》载：“黄帝作律，以此为管，长尺六孔，为十二月音”。从考古资料上看，汉代特别是西汉时期出土有玉磬、玉笛、玉箫等物，主要在安徽、湖南、广东、江苏、山东等地发现。阜阳双古堆西汉墓中有成套编磬20件、长沙马王堆两汉早期墓出土有成套编磬10件、广东象固山南越王墓出土编磬10件、徐州北洞山楚王墓出土编磬14件、曲阜九龙山M3鲁王墓出土编磬36件等。地学界泰斗章鸿钊所著《石雅》曰：“今北京西山潭柘寺藏有玉笛，玉色微青，长约尺有半，相传为汉物。”到唐代，礼乐用玉因蓝田玉的开采而多使用蓝田玉制磬，况且蓝田距离长安非常近，运输极为便利。《开元记》载：“杨妃善击磬，乃取蓝田玉琢之，备极精巧。”《陕西通志》也记载：“太真善击磬，明皇令采蓝田玉为磬。”唐天宝时，以陕西耀州磬玉山所出青石为磬，并规定：“凡设于天地之神则用石，宗庙朝廷则用玉。”《杂记》载：“安禄山自范阳入京，献白玉箫数百。”宋代马端临的《文献通考》

唐代 吹箫玉女

唐代 舞女

中，也记述了唐天宝时安禄山入京献白玉箫一事。安禄山献的白玉箫，吹奏乐器音韵清悠，荡气回肠，令人陶醉。唐明皇将其全部送给梨园，李白、李商隐在诗中极为推崇："韩公吹玉笛，惆怅留玉音"、"怅望银河吹玉笙，楼寒院冷接平阴。"

五、宋代时期

宋周密《癸辛杂记》记载："宋朝理宗时，韩蕲王府曾献白玉笙一具，簿玉鹅管，其色清越""张循王府呈献白玉箫，管长二尺者，中空而莹薄。"

六、明清时期

明代的出土文物中虽没有发现石磬，但《明一统志》中记载："江苏淮安府邳州磬石山，在城南80里，……山有石，其声清亮，可为磬。"可见明代应有石磬的生产和使用。清代时期是我国第四个玉文化高峰期，可以称作是集我国8000余年玉文化之大成，不仅玉器制作全面继承了我国玉文化的传统精华，而且还有很大的创新，石质乐器也迎来了一个发展高峰。清代乾隆二十六年（公元1716年）制作青玉磬12块，每块长90厘米、高60厘米、厚4厘米，有12特律，递次减小，形制为12音律。玉磬质地温润，油脂光泽，颜色艳绿，阴刻云龙纹，镀金，正面刻有乾隆皇帝的御制铭，在举行大典时，"为堂上首乐之器"，玉磬音域宽广，音质清扬。其与编钟合奏，"玉振金声"，可谓金石韵律，音响效果特异，艺术感染力更佳，现存北京故宫博物馆。据《西城水道记》记载：清代用新疆密尔岱山所产的青玉制磬，并在叶尔羌设办事处，专管采玉和运输事务。乾隆二十七年（公元1762年），采购具有各种音调的大小磬片52件，共重4092斤6两。二十八年，又采购磬件59片。乾隆四十年（公元1775年），为宁寿宫置办特磬24件、编磬32件。乾隆四十九年（公元1784年）采购磬料72块。又据清顾祖禹《读史方舆纪要》及《清一统志》记载："山东乐昌县东、湖南永绥厅小排吾山"等出磬石，说明清代磬石原料不但有青玉，而且有青石、大理石等，用料广泛，质量考究。由此可见，乾隆在玉制乐器方面是集大成者，其成就超过了几千年来任何一位帝王，显示出他不仅是一位在政治和经济方面有卓越建树的君主，而且在继承和发扬礼乐制度方面也有突出成就，为中国玉质乐器、石质乐器乃至玉文化发展都做出了贡献。

清代 石磬

艺术点评

清代龙纹玉磬，为清代宫廷乐器，通长74.6厘米、宽27厘米、厚3.4厘米，现收藏于中国国家博物馆。石（玉）磬是我国古代重要乐器，用石料或玉料制成，各部位分别为股、博、鼓。磬的上部有一圆孔，以备穿绳，可悬于木架之上。悬起的磬受到敲击时，能发出清越悠远的声音。玉磬又可分为悬磬、特磬、编磬三类。此玉磬由巨幅和阗玉琢制，玉质呈墨绿色，纯净光润。磬的一面饰描金云龙纹，中部描金篆书“特磬第六仲吕”“大清乾隆二十有六年，岁在辛巳，冬十一月乙未朔，越九日癸卯琢成”。另一面饰描金二龙戏珠纹，中部描金篆书乾隆帝御制诗。

独山玉 草原之声（仵海洲）

55×65×16cm

艺术点评

此作品为中国非物质文化遗产“镇平玉雕”传承人仵海洲大师所设计制作，可以称得上是独山玉“原生态”雕刻的先驱之作，是玉文化与音乐文化完美结合的经典之作。作者充分运用“依色施艺”的原则，利用独色玉的天蓝色和酱紫色，把绿色的部分做成广阔的大草原，让人几乎看不到斧凿的痕迹。把酱紫部分做成一个马头琴。另外，一顶毡帽、一条马鞭等都是非常理想的衬托之物，使人一看到独山玉《草原之声》，就想到了大草原，想到了马头琴，充分显示了玉文化的穿透力。

马头琴是一种两弦的弦乐器，传说最早是由察哈尔草原一个叫苏和的小牧童做成的，有梯形的额琴身和雕刻成马头形状的琴柄，为蒙古族人民喜爱的乐器，蒙古族称“卓尔”。马头琴的历史悠久，从唐宋时期拉弦乐器奚琴发展演变而来，成吉思汗时（1155-1227）已流传民间，明清时期用于宫廷乐队。据《清史稿》载：马头琴原来也有龙首的。马头琴是适合演奏蒙古古代长调的最好乐器，具有浑沉粗犷、激昂的特点，它能够准确表达出蒙古人的生活，如：辽阔的草原、呼啸的狂风、悲伤的心情、奔腾的马蹄声、欢乐的牧民等，我们熟知的曲目有：《牧马人之歌》、《蒙古小调》、《鄂尔多斯的春天》、《万马奔腾》等。

七、现代时期

到了近代和现代，吹奏和打击乐器几乎全部用木、竹、轻金属质材料制成，但玉质乐器和特点，仍有自己的优势和一席之地。1970年4月，我国第一星人造卫星“东方红1号”广播的乐曲《东方红》，就是用古荆州“楚纪南故城”楚墓出土的战国石编磬演奏的，玉声清脆、悦耳，沉稳雄厚，玉质乐器播出的《东方红》响彻宇宙，千古神韵的玉音迸发了中华民族立于世界民族之林的强音。

1986年，浙江青田越剧团演奏员邵志培，用青田石创制出第一支青田石笛，石管厚4厘米，重0.5公斤，外部雕有龙凤图案，名为“石雕龙凤笛”，其结构与竹笛、金属笛一样，第3孔为c音调。以后又制成了梆笛、口笛、排箫、洞箫等多种吹奏乐器，并在笛子独奏专场音乐会上吹奏，引起了观众和音乐爱好者的极大兴趣和广泛称赞。河南镇平玉雕艺人姜富荣琢雕的翡翠《唢呐》在全国“天工奖”玉雕精品展上荣获最佳创意奖，在全国引起轰动。

青玉 锁呐

青玉 二胡

河南省南阳市拓宝工艺品有限公司在成功研制玉笛、玉排箫等玉质乐器之后，从1998年开始根据河南省淅川县下寺春秋楚墓出土的铜编钟为蓝本，按1：1的比例，全部用独山玉和青玉为原料，历时近三年，制成一套大型玉编钟和玉编磬。全套编钟35个，分三层：第一层为和钟8个，最大一个高110厘米，重150余公斤，和种音质浑厚悠长，音域宽广高亢；第二层为甬钟18个，是全套编钟中的主体，音韵自然，音质清脆优美，为全套乐器的核心；第三层为钮钟9个，最小的高16厘米，重2.4公斤。音质悠扬、清雅。全套编钟能发出四个半八度音，撞击每个钟的正、侧面能发出两个乐音。玉编磬全套32块，绝大部用独山玉制成，仅用少量的青玉。磬架全部用独山玉制成，分两层悬挂，每磬两个乐音，音域跨了三个8度，音质流畅，回味无穷，是我国玉文化史上和玉质乐器史上的一个非凡创举，填补了我国玉雕界和古乐器界的一项空白，演出后被联合国教科文官员称之为“绝妙的东方艺术”，为继承和发扬我国玉文化和玉质音乐文化做出了突出贡献。

艺术点评

作品的材质属于黄龙玉中的上乘料，红皮色和冻状的肉质极其惹眼和诱惑。作者利用红皮色的表层作一飞天舞女，人物动态优美，浮雕的刻画也层次适度，山石、花草、房屋错落有致，一缕炉烟袅袅升起，空间效应突出，以小见大，艺术手法纯熟，使作品极其自然地进入高雅的艺术橱窗。

黄龙玉 春满人间（林霖玲）

30×20×5cm

独山玉 舞乐图（张克钊）

45×24×11cm

艺术点评

作品线条流畅，造型优美，人物刻画尤为传神，四周祥云飞翔、蛟龙飞腾，少女在轻弹琵琶，一派祥和歌舞升平的景色。

玉文化与殓葬文化

独山玉 和氏璧（潘永奇）

21×21×4cm

艺术点评

作者的创意设计古朴而又清新，可以称得上是“师古而不泥古”。璧盘规整，层次分明利落，盘面琢施乳钉纹，十二生肖拱璧，水纹、火纹、钱纹、黑土和枯干，将金、木、水、火、土蕴涵其中。作者通过虚实、明暗、聚敛等表现手法，把我国传统文化的元素融为一体，融汇而无堆砌之感，立意清新，雕工精美，表现完美而不俗。

玉器制造是从人类的生产劳动中开始的，而中华玉文化理论步入统治者的殿堂，是从死后的丧葬活动开始的。中国人殓葬的历史悠久，从新石器时代开始，到西汉时期达到顶峰，魏晋以后开始降温，但时至今人中国人仍有葬玉的习俗，即使在火化非常盛行的今天，人去世后也常常用玉制作的骨灰盒装起来。究其原因：

独山玉 清音（张克钊 孙超凡）

20×15×27cm

水晶 套壶（仵应汶）

一是古人认为玉是致密柔润的，有特殊的防腐功效，可以使尸体不腐，使灵魂可以来世再生。帝王重视尸体的长期保存，认为死后升天之时需要保有其身，以玉护身能使尸体不朽。死者的安葬是生命一种新的开始，用玉衣或玉塞等保护死者不朽不是最终目的，终极目的是通过葬玉沟通神灵，才能具备引导飞升的功能，确保灵魂进入永久的天界。

白玉 三友牌（庞 然）

8×5×1.5cm

二是可以炫耀财富。玉是身份地位的象征，尤其是玉璧、玉猪、玉蝉、玉璜等。通过学习玉器发展史会清晰地发现，不同等级的墓葬用玉的数量差异十分明显，也就是说墓主人身份的高低决定了葬玉的质量和数量。国君等身份地位等级高的墓葬，尤其是两汉皇族的墓葬出土了大量玉质非常好的葬玉。如河南省三门峡市虢季墓出土玉器724件（组），虢仲墓出土玉器800多件（组），两座国君墓出土玉器达1500多件，占虢国墓地出土玉器总数的半数以上。此外，国君夫人梁姬墓和两座太子墓出土的玉器也较丰富。再如，在已出土的二十余件玉衣中，全部都是皇族墓的葬玉，特别河北省满城西汉中山靖王刘胜及其妻窦绾的金缕玉衣最为精彩，也最为出名；各诸侯的墓，也有大批玉质好的葬玉出土；一般的财主，仅有小量的玉鸟、玉握、玉挂饰出土，没有更高玉质的玉璧等贵重器物出土；市民百姓的墓，几乎没有葬玉的出土。

在中国玉雕界，对葬玉的范畴有两种不同的看法：一是广义的，认为葬玉泛指一切随死者埋入墓葬中的玉器。在中国古代，当一个人去世以后，总把他（她）生前随身佩带或使用的玉器一起埋入墓葬，带到另一个世界去，这样就把装饰用玉、礼仪用玉等也包括在葬玉的范畴之内；二是狭义上的，是指那些专门为保存尸体不腐而制造的随葬玉器，这种看法是以金缕玉衣的出现与消失为起止时间的。

白玉 龙凤牌（丁功博）

10×6×2.5cm

白玉 龙凤牌（丁功博）

10×6×2.5cm

一、以金缕玉衣为主体的狭义殓葬文化

这种以金缕玉衣起止时间为主体的狭义殓葬文化史，可以追溯到商周时的“缀玉面罩”、“缀玉衣服”，主要葬玉有金缕玉衣、玉塞、玉面罩、玉握、玉枕、玉棺、玉晗等。

1. 金缕玉衣

玉衣也称“玉匣”、“玉押”，是汉代（公元前206年—公元220年）皇帝和高级贵族死后穿用的殓服，外观与人体形状相同。玉衣是穿戴者身份等级的象征，皇帝和部分近臣的玉衣用金线缕结，称为“金缕玉衣”。其他贵族则用银线、铜线编造，称为“银缕玉衣”、“铜缕玉衣”。玉衣是“汉代独存”，玉衣起源可追溯到东周的“缀玉面罩”、“缀玉衣服”，到三国的曹丕下诏禁用玉衣，共流行了四百余年。汉朝初期使用的殓服玉匣就是源于缀面玉罩和缀玉衣服。金缕玉衣是汉代规格最高的丧葬殓服，大致出现在西汉文景时期。当初，汉代为制作玉衣专门设立了“东园”，全面负责玉衣的选料、钻孔、抛光及制作，其目的为将金玉置于九窍，人的精气不会外泄，就能使尸骨不腐，可求来世再生。到目前，全国共发现玉衣二十余件，有河北省满城西汉中山靖王刘胜及其妻窦绾二件、定县西汉中山孝王刘兴一件、江苏省徐州东汉彭城靖王刘恭一件、安徽省亳州东汉末年曹操的宗族一件，共5件已完全复原。狮子山楚王墓出土的金缕玉衣时代最早，长174厘米、宽68厘米，1994—1995年在徐州市狮子山楚王墓出土，现收藏于徐州市博物馆。狮子山楚王墓出土的金缕衣不晚于公元前154年；使用玉片最多，达4000多片（一般玉衣2000多片）；玉质最好，全部使用新疆和阗青白料加工，玉质温润；工艺最精，玉片表面光洁度高，四边倒棱，小而薄，有的不到1平方厘米，厚度仅0.1厘米，被中国社会科学院考古研究所专家评价为“目前发现质量最好的玉衣”，器型规格属我国历朝历代帝王丧葬礼仪中空前绝后之作。在汉代的中国，上演了以玉衣殓葬的壮举，形成了中华玉文化史上丧葬用玉最为奢侈的一幕，成为举世无双的奇观。至此，我们才逐渐明白为什么汉武帝会下令，在全国范围内常年不断搜求长生不老仙丹的原因。从金缕玉衣的珠光宝气中，我们发现具有上古

渊源的玉崇拜、天命观和鬼神观念仍然存在于西汉统治理论之中，并有了创新与发展。

狮子山楚王墓出土 金缕玉衣

河北中山靖王墓出土 金缕玉衣

艺术点评

河北中山靖王刘胜的那件玉衣，用一千多克金丝边缀起2498大小不等的玉片，由上百个工匠花了两年多的时间完成。整个玉衣设计精巧，做工细致，是旷世难得的艺术瑰宝。玉衣由头罩、上身、袖子、手套、裤筒和鞋六个部分组成，全部用玉片拼成，并用金丝加以编缀。玉衣内头部有玉眼盖、鼻塞，下腹部有生殖器罩盒和肛门塞。周缘以红色织物锁边，裤筒处裹以铁条锁边，使其加固成型。脸盖上刻划眼、鼻、嘴形，胸背部宽阔，臀腹部鼓突，完全似人之体型。

2. 幎目

西周时期，大型墓葬葬玉基本程序化，即在墓葬的外棺盖上置玉圭、戈、柄形器等，内棺盖上置戚、琮、璧、璜、戈、圭等；棺内死者头部置玉发饰；个别墓主的面部覆盖一件缀有玉片的布帛类物品，即缀玉幎目；两耳部位有玉玦，并各自成对。口内大都有一些玉琀（蝉）或碎玉片；颈部有1—2组玛瑙或玉珠、玉佩组合项饰；胸前有一组由多件玉璜（或璜形器）与玛瑙珠、管及料珠相间串联而成的组合玉佩，有时也放置一两件玉璧；脚端踏有条形玉片；趾间夹有玉饰；尸骨下还放置多件玉璧、玉戈等，这种全身殓玉的趋势，可以说是汉代玉衣之滥觞。

西周中期 玉面罩

艺术点评

此玉面罩最大直径10.7厘米，青绿色玉质，面罩由14块各形玉片组成，它们分别代表人的前额、眉、眼、耳、鼻、腮、嘴、胡须，合成五官七窍，形象写实生动，为迄今所见最早的一例。

3. 玉塞

即填塞或遮盖死者身上九窍的九件玉器。这九件玉器在河北满城两座汉墓中都有出土，即眼塞2件、鼻塞2件、耳塞2件、口塞1件、肛门塞1件、生殖器塞1件。其中眼塞又称眼帘，圆角长方形；鼻塞略作圆柱形；耳塞略作八角棱形；口塞如新月形，内侧中端有三角形凸起，口塞不能全部含在口中，与下面所讲的“晗玉”不同；肛门塞为椎台形，两端粗细不同；生殖器塞男性为一短琮形，一端封闭，女性为短尖首圭形。

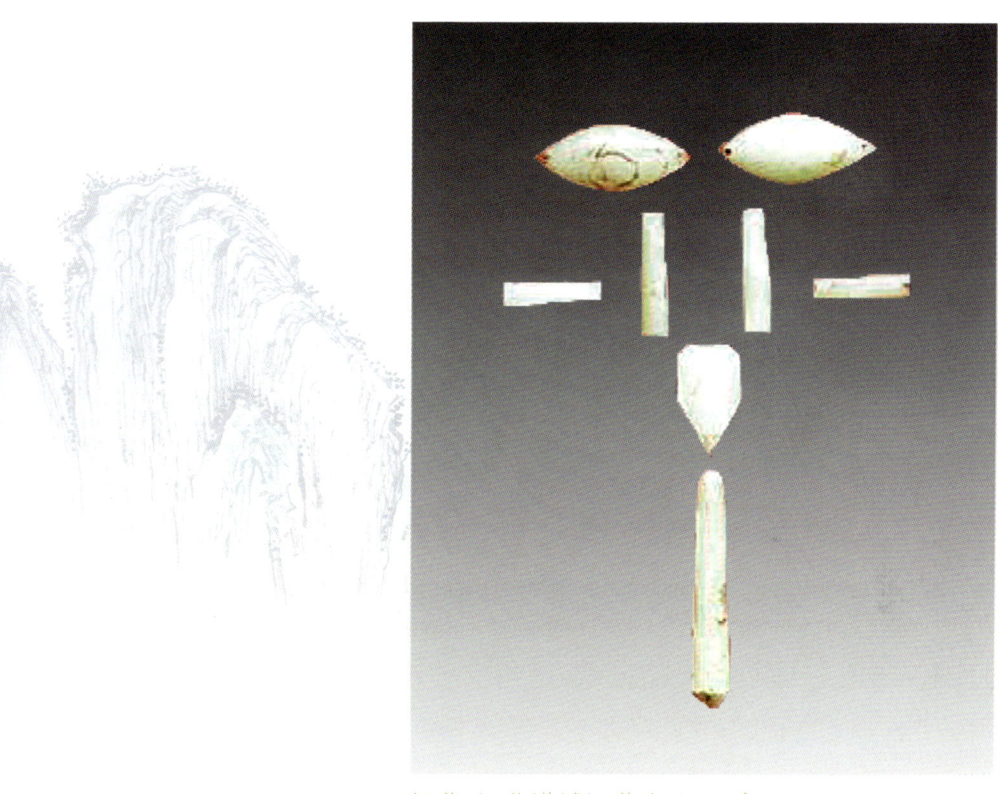

汉代 河北满城汉墓出土 玉塞

4. 玉握

玉握为死者手中握着的器物，葬玉之一。古人认为死去的人不能空着手走，新石器时代是以兽牙握在手中；商周时期，死者手中多握数枚贝币，因为古人认为贝是财富象征。到了汉代，则在玉石的长条圆柱上加琢单线条，也就是汉代最常用的“汉八刀”雕法，雕成一只猪。因为猪在古代时候是财富的象征，猪的多少可以衡量家族的富裕程度。所以，玉猪成为汉代最流行的玉握。另外，也有以璜形玉器作为玉握的。

东晋时期 青玉 玉猪

艺术点评

此玉猪为东晋时期葬玉，青玉，长11厘米、宽2.5厘米，江苏南京市中央门外郭家山墓葬出土，现藏于南京市博物馆。玉猪亦称玉豚，这件玉猪平卧状，体呈长条形，两端截平，四肢修长，曲于身下，猪首伏在前腿上。以阴线刻目、嘴、耳及前额的皱纹，颌下和尾处有图案，说明这件玉猪既用于手握，也有用于佩挂的功能。

5. 玉晗

一般是玉蝉或圆型玉器。圆型玉器一般为椭圆型，光素无纹，更多的则是玉蝉。古人以蝉的羽化比喻人能重生。将玉蝉放在死者口中称作晗蝉，寓指精神不死，再生复活。同时，也表示其肉体虽死，但只是躯壳脱离尘世，心灵未必死去，不过作为一种蜕变而已。所以，把蝉佩于身上则表示高洁，把蝉放入死者口中表示精神不死，可再生复活。玉蝉分三类：①冠蝉，用于帽饰，无穿眼；②佩蝉，顶端有对穿眼；③晗蝉，死者口中压舌，刀法简单，没有穿眼。随着时间推移，人们又赋予蝉更多的含义。如腰间佩以玉蝉，谐音“腰缠（蝉）万贯”；一蝉伏卧树叶上，定名为“金枝（知的谐音）玉叶”；将玉蝉佩在胸前，取名“一鸣惊人（取蝉的鸣叫声）”。

玉蝉始于新石器时代，东晋陆云在《寒蝉赋》中写到：“头有绥则其文也，含气饮露则其清也，黍稷不享则其廉也，处巢不居则其俭也，应侯守节则其信也”。蝉的内涵从诗文中得到了赞美，所以蝉在古人的玉器造型中大量出现，在商代至战国墓中有出土，但此时的玉蝉大多是佩戴用的装饰品，作为葬玉中的口晗，较早见于河南省洛阳市中州路816号西周早期墓中，这种习俗一直沿续到魏晋南北朝时期。商周玉蝉形制古朴，雕刻粗放，蝉头很大，身翼窄小或细长倒梯形，用简单的阴刻象征身体部位，且石材质地欠佳，头部中央有孔，多用于佩戴。汉代晗玉中蝉成为主要器物，因为古人观察蝉的幼虫入土变蛹，之后脱壳成蝉，故认为蝉有复活的能力，所以放在死者口中，希望死者可以重生。汉代“汉八刀”玉蝉非常受收藏者青睐，因其只用雕琢寥寥几道线条，便把蝉的形象刻画得惟妙惟肖，并且线条简练挺拔，张弛有力，后世都有仿制，但其“汉八刀”的变化手法软弱，已无法与汉代真品相比。

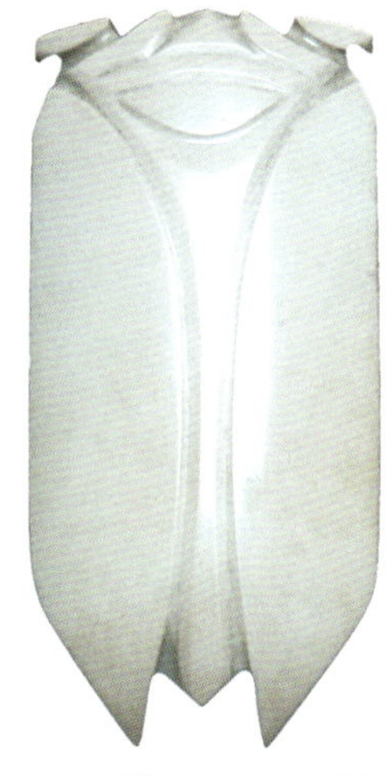

西汉后期 白玉 玉蝉

艺术点评

西汉后期，长4.8厘米，1974年江苏省盱眙县东阳七号墓出土，羊脂白玉，晶莹润泽。器体扁薄，两眼外突，以“汉八刀”法在正面琢出双翼，背面琢出腹部，线条流畅、简练，做工细致精巧，为汉代玉雕蝉类作品中的珍品。现藏于南京博物院。

6. 玉枕

汉代 玉枕

艺术点评

此为一件食官监玉枕，长35.5厘米、宽7.8厘米、高9.5厘米，1995年徐州狮子山楚王墓食官监陪葬墓出土，汉代。玉枕呈板凳状，由枕足、枕板、兽头饰三部分构成。枕板内为一长方形木枕芯，上面镶饰有35片雕琢精美的龙形、方形、“亚”字形等玉片。枕板两端为兽头状饰，枕腿略呈“工”字形。整个玉枕雕琢精细，彰显着使用者的高贵身份。

7. 玉棺

全国发现玉棺有两大套，一为河北满城窦绾墓出土，由192块青玉版组成，镶帖于木棺内壁；一为徐州狮子山楚王墓出土。

玉棺

艺术点评

徐州狮子山复原的楚王玉棺。此玉棺的玉片全部嵌在外面，共计1600多片，有长方形、正方形、菱形、三角形等，而且每种玉片都有大小之分，顶端处每面各用三块玉璧，上下各一块小玉璧，中间一块大玉璧，空白部位用玉片组合成图案；两侧面没有直接嵌玉璧，而是用大玉璧版贴补，但在玉版上刻画出玉璧的图案来，玉璧上再用阴线刻上双龙戏珠图案；顶盖上侧仍然巧妙地用菱形玉片编排成各种图案，其他部位再绘上漆画，如云、神仙等。在灯光下，整个玉棺看上去变幻莫测，光彩夺目，熠熠生辉。

二、广义上的殓葬文化

除了金缕玉衣为主体的狭义殓葬文化，还有玉圭、玉琥、玉璋、玉璜、玉璧、玉琮、玉鸟、玉凤、玉马、玉人、玉鱼等诸多葬玉，郑玄注《周礼》中说：“圭在左，璋在首，琥在右，璜在足，璧在背，琮在腹，盖取象方明神也。”这种玉器的摆放方法是按天地四方的祭祀方位设定的，在这里我们窥视到中国典章制度的端倪，这是广义上的殓葬文化。广义的殓葬文化时间久远，内涵丰富，但问题在于广义上的葬玉因为数量众多，很宽泛，哪些玉是葬玉范畴，哪些玉是装饰玉范畴，哪些玉是礼仪玉范畴，很难界定清楚，不好把握。为满足读者的需求，我们把其中一部分知名度较高、影响力大的葬玉加以介绍，以飨读者。

1. 玉凤

长13.6厘米、厚0.7厘米，1976年河南殷墟妇好墓出土，现藏于中国国家博物馆，为装饰品，属新石器时代，由新疆黄褐色玉料制成。古玉一定要玩，而且必须多玩，才能使玉质得以还原。古人这样玩玉，称为“盘玉”。凡出土的古玉多数有色沁，该玉佩局部散布有深入玉肌的“鸡骨白”沁斑及“枣皮红”沁色，青中布白，绿中透红，十分漂亮养眼。古玉向来以有沁为美，以多沁为贵，沁色越深越丰富，则古玉就越美丽越珍稀。这是因为古玉“深埋于广厚之中，变化于重泉之下”，其沁色不仅使古玉变得斑斓多彩、美丽多姿，而且还证明了一件古玉的真实性。因此，从古至今，古玉收藏家均对有沁色的古玉情有独钟。这件古老的器物之中形成两种沁色，行话叫做“天地玄黄”，十分难得。如果得到一块真旧而有多种色沁的古佩玉，藏而不玩，则等于暴殄天物，得宝如得草而已。通常出土的中国古玉，因为出土的地点不同，所以锈蚀和色沁的性质亦不同。南方出自水坑的，或地气特别潮湿、地层多积水的，出土的古玉就多水锈。北方出自干坑的，多数古玉的土蚀亦多。如果出自火坑的，古玉的玉身便干燥。由于土吃水蚀，加上干湿不同常年累月煎熬，古玉即使有最美丽丰富的色沁，亦会隐而不彰，藏而不露。玉理本身有深浅色，同时亦侵积了不少污浊之气。若不加以盘玩，便玉理不显、色沁不出、污浊之气除不了。若要上佳沁色的古玉显出宝石之色，必须讲究盘功。

中国古代民间玩玉，主要分为三种盘玉的方法：急盘、缓盘、意盘。一是急盘。急盘就是必须佩带在身边，用人气养之；因人体有热、有汗气。佩带几个月之后，可以用干净的旧布擦它，切勿用有色的布，应该用白布和粗布比较适当。愈擦，古玉便愈热，所以不可间断。愈擦得多，灰土的浊气愈易自然褪去，受色的地方自然能够凝结，色光愈内蕴就愈亮。二是缓盘。所谓缓盘法，就是时常把佩玉系在腰间，借人气来养之。不能急躁，通常缓盘两三年，可能使古玉复原。三是意盘。意盘法是用手把玩，把玩久了，古玉便可恢复原状。

商代 妇好墓出土 玉凤

艺术点评

妇好是商王武丁的配偶，生前显赫一时，死后庙号为“辛”。她的陪葬品非常丰富，出土的玉器、石器、铜器等工艺品众多。其中，玉器数量很多，达755件，品类齐全，礼器、仪仗、工具、生活用具、装饰品及杂器等一应俱全。这件玉凤就是其中的代表作品。作品体轻薄，身体扁平，形体修长，亭亭玉立，弯曲如C形，圆眼，尖喙，顶端三连花冠，引颈回首好似振翅欲飞，弯弯的曲体，外缘凸曲，长尾舒展，显得体态婀娜，灵动有致，洋溢着一股活泼、清新的抒情气氛。整个器物采用镂空、钻孔、抛光技术，使作品造型优美，线条流畅，它柔美而清新的风格在商代艺术那凝重、威严、令人窒息的气氛中愈发显得珍贵，令人觉得神态迷人，亲切可爱。玉凤胸前有两孔，腰间有一突起的圆钮，上有小孔，可佩带。作品美丽、精巧，玉质晶莹润洁，让人忍不住持之难释。

2. 玉鸟

20世纪后半叶于河南省三门峡市虢国墓出土，西周时期，属三门峡虢国墓地陪葬品，现收藏于河南省三门峡市虢国博物馆。

西周 玉鸟

艺术点评

西周玉鸟，通高4.6厘米、宽3.8厘米、厚1.5厘米。玉呈冰青色，因受沁腹部有黄褐色斑。小鸟呈站立状，单面纹饰。做工精细，线条流畅。头上仰，圆眼，尖喙，翅羽饰细线卷云纹，尾羽饰成组平行阴刻细线纹，腹部有一穿孔。

3. 玉马

玉马始见于商，数量极少，它的特点是：造型多呈扁平状，“臣”字眼。到战国时，玉马出现了圆眼，线条遒劲有力，转折自然，使马的 造型开始逐步立体化。秦代未见玉马，但秦兵马俑出土了一件铜骑，马的造型威武，是优良骏马。到了汉代，在造型上注重整体效果，玉马造型准确，雕琢线条刚劲有力，行刀急速，是典型的“汉八刀”。唐宋时期，以写实为主，雕刻圆润，多见回头卧马。元代玉马的造型长鬃小耳，雕刻线条粗犷有力。明代玉马，雕琢比例失调，线条粗糙，有吉祥的寓意。到了清代，玉马的雕工细腻，线条柔和。

艺术点评

此玉马长3尺、高2尺，白玉质，1860年八国联军从圆明园掠走，现收藏于大英博物馆东方艺术馆。这匹马曾被和珅从圆明园中窃取，和府被抄后玉马被重新放回圆明园，但最终还是没有逃过被掠夺的命运。

清代 玉马

4. 玉鱼

我国玉鱼的加工历史非常悠久，可以追溯到新石器时期，在良渚文化、红山文化的遗址中均有玉鱼出土。到了商代，由于青铜器工具的使用和加工技术的提高，商代玉鱼的制作成为鼎盛期之一，在河南安阳殷墟墓出土了雕琢精致的玉鱼。西周时期，是中国古代鱼形玉器制作的又一高峰。在北京、河北、山西、甘肃、河南等地均有玉鱼的出土。最典型的当属河南省三门峡市上村岭虢国墓地出土的玉鱼。至秦、至汉、至唐、至宋、元、明、清，均有玉鱼的出土，可以说中国古代鱼形玉器是常见的题材之一，是吉祥文化与玉文化结合的典型代表之一，也是中国玉器的重要组成部分。

西周 玉鱼

艺术点评

此鱼形玉器，通长5.8厘米、宽2.6厘米、厚0.2厘米，出土于河南省三门峡虢国墓地，现收藏于河南省三门峡市虢国博物馆。青玉，冰青色，局部受沁呈土黄色。玉质细腻，半透明，鱼呈弯曲形，头、眼、鳍、鳞俱全。口部有一圆形穿孔。

5. 玉蝴蝶

明代 玉蝴蝶

艺术点评

长4厘米、宽5.8厘米，青白玉质地，微有白斑，为明代常见玉材。器呈片状。蝶圆眼外凸，双翅展开，有多道阴线和卷云纹表示脉络，翼边波折，触须向两边伸展与翼相连接。上身轮廓用阴线刻划，尾部有皮囊线7道。背面无纹饰。此蝶刻划真实，踊状的躯体，舒展的胸翅尾翼，加上伸展的触须，形象十分逼真。明清时，蝴蝶成为吉祥题材的重要内容，因为“蝶”与“耋”谐音，耋指年高寿长。

6. 玉剑

玉茎铜蕊铁剑

艺术点评

玉茎铜蕊铁剑，河南省三门峡市虢国墓M2011出土，被称之为“中华第一剑”，是一件具有代表性的国宝。

7. 凤冠人像

艺术点评

商代凤冠人像，高12厘米、宽4厘米，为商王武丁时期的玉器，1976年出土于河南殷墟妇好墓，现收藏于中国国家博物馆。此器双面雕刻侧面人像，昂首，屈蹲状，头顶边缘有脊齿状的凤形羽冠。“臣”字眼、大耳、阔鼻、张口，颌略向前凸，手臂弯曲，握拳于胸前，足下有榫，周身饰勾云纹，有圆孔。

商代 凤冠人像

8. 高冠凤鸟佩

商代 高冠凤鸟佩

艺术点评

商代高冠凤鸟佩（2件），长9.9厘米、宽2.7厘米、厚0.3厘米，为商王武丁时期的玉器，1976年出土于河南殷墟妇好墓，现收藏于中国国家博物馆。凤为商人崇拜的神鸟，玉凤佩应是商王室贵族的佩戴之物，以祈神灵的护佑。此器为两件，形式基本相同，双面雕琢，纹饰也大致相同，凤站立状，头顶高冠刻勾云纹，边缘出脊齿。凤尾分双叉，粗腿带爪，体型粗壮，形式古朴。

9. 玉熊

商代 玉熊

艺术点评

商代玉熊高3.4厘米、长2厘米、宽1.7厘米，为商王武丁时期的玉器，1976年出土于河南殷墟妇好墓，现收藏于中国国家博物馆。动物形玉雕是商代装饰玉器的一大特色，也是中国玉器传统品类之一，其主旨是通过展现动物的自然属性，体现人与动物之间相互依存、和谐共存的文化内涵。此玉熊为圆眼，熊抱膝蹲坐状，昂首，吻前伸，双耳直立，鼻微隆，以粗阴线雕琢出臂部和前后肢，并刻出足等，熊颈背部有两个上下对穿的小孔，臂下部也有圆孔。

10. 玉鹤鸮

艺术点评

商代玉鸮，高8厘米、宽4.2厘米，为商王武丁时期的玉器，1976年出土于河南殷墟妇好墓，现收藏于中国国家博物馆。此器为圆雕鸮形，站立状，头部有双角相连，正中有一圆孔。鸮面的喙部极度夸张，粗腿和大尾羽也极具特色，形象十分威猛。大勾喙斜伸前方并向胸内弯卷。两个翅膀紧贴于背部，正中雕刻脊齿，粗壮的双腿及宽厚的尾羽支撑起整个身躯，双足粗壮有力并雕出四爪，双阴线雕刻纹饰，腹、翅饰翎羽纹，全身饰勾纹。身体形态与同期的凤相似。

商代 玉鸮

11. 玉鹅

商代 玉鹅

艺术点评

商代玉鹅，长8.5厘米、宽4.3厘米、厚0.6厘米，为商王武丁时期的玉器，1976年出土于河南殷墟妇好墓，现收藏于中国国家博物馆。鹅是禽类玉器的典型代表，妇好墓出土多件，同时出土的还有鹤、鸽、鹦鹉等。此器为片雕，双面雕琢，纹饰相同。鹅的双足并拢站，曲颈，肥身宽翅，颈部雕刻羽毛纹，鹅身与翅膀饰勾云纹及翎羽纹。鹅足部穿一圆孔，下部并有榫，可用于插嵌。

12. 玉人

商代 玉人

艺术点评

商代玉人，高7厘米，1976年出土于河南殷墟妇好墓，现收藏于中国国家博物馆。玉人呈黄褐色，圆雕，跪坐，腰左侧插一款柄器。

13. 玉蝙蝠

商代 玉蝙蝠

艺术点评

商代玉蝙蝠，高5.6厘米、宽2.5厘米，现收藏于中国国家博物馆。此器正面为带冠兽首，以阴线刻划，突吻、圆眼、细眉、大鼻。两侧为向后波浪状伸展的翅膀，至末端折收。全器定格在蝙蝠展翅飞翔的瞬间，不仅动作加以夸张，且以兽面神化动物原有的面部特征，两侧的翅膀也像是兽面张开的双耳，极具神秘色彩。

14. 玉兔形佩

西周 兔形佩

艺术点评

西周兔形佩，长4.5厘米、宽2.7厘米，现收藏于中国国家博物馆。兔形佩最早见于商代，以妇好墓出土最为典型。商代玉兔的耳略向后抿，做奔跑状，眼睛圆睁，腿部摆动，尾部翘起，动感强烈，灵动中透出机敏。此件玉兔为双面片雕，造型稍异，但为卧状，腿前伸，长耳后伏，尾尖上翘，圆眼，硕臂，吻部有一穿孔，十分乖巧可爱。

15. 玉鸟形佩

西周 鸟形佩

艺术点评

西周鸟形佩，长6.2厘米、宽4厘米，现收藏于中国国家博物馆。此玉鸟形象简化，其图案与青铜器上的鸟纹具有一定的共性，与殷墟出土的商晚期玉鸟形态也大致相同，但图案却更加生动流畅。此鸟首有冠状凸起，沿颈部向后舒展，末端向上翻卷。尾分两支长尾向后伸展，末端翘起，短尾向前弯卷直抵下腹。“圆眼、钩喙、宽翅、粗足”，形态古拙，立体感强，在喙、冠末、短尾羽三个弯卷处和胸转角处各有一个穿孔，可以将鸟形佩加以固定。玉鸟全身纹饰线条为单一的直线或曲线，胸部则雕刻卷云纹。

后 记

《玉润中国》专著经过两年和十八次系统地修改，终于付梓了，现在回想起来就像翻十八座大山，其艰辛程度是难以用言语来表达的。它既是我们的一大心愿，同时也凝聚着许多人的心血和汗水，这里面有领导的关心，有同行朋友的大力支持，也有家人的鼓励和帮助，在这里我真诚说一声：谢谢你们！

中国的玉文化博大精深，源远流长。从新石器时期开始，至三代、春秋战国、秦汉隋唐、明清，乃至现代，环环相扣，没有断代，而且形成了庞大完整的玉器系列，从敬天地到贿赂鬼神、从祭山川到拜祖先、从挂饰件到日常生活用具，应有尽有；从玉文化与神龙文化的融合，到玉文化与诗文文化的结合；从玉文化与英雄文化的完美统一，到玉文化与吉祥文化的有机结合，内容十分丰富。这不仅是祖先留给我们的物质财富，更重要的是"君子比德于玉"的"德玉"文化的精神财富，还有在丰厚的玉文化积淀基础上形成的国家典章制度等等，这才是我们取之不尽、用之不竭的精神资源。我们要了解玉文化和中国十大文化，一是从博物馆的藏品，这包括国家级、省级的博物馆中，甚至是海外一些国家和地区的博物馆中；二是从地下出土的玉器文物中，从目前来看地下埋藏的玉器究竟有多少，谁也无法回答，只有等待时间的检验；三是从图书馆的图书中，这也是最便捷有效的方法。把玉文化注入玉产业，从而提升玉产业整体规模，上档次、上水平、出精品，是我们的一大心愿。于是，我们集中精力编纂出版了《玉润中国》的专著。

《玉润中国》是我继《中国独山玉文化论丛》、《玉乡之星》、《玉乡瑰宝》、《玉乡千秋》之后，又一部涉及玉文化方面的专著，它从玉文化与原始农耕文化、玉文化与神龙文化、玉文化与"儒、释、道"文化、玉文化与英雄文化、玉文化与礼仪文化、玉文化与殓葬文化、玉文化与音乐文化、玉文化与诗文文化、玉文化与健康文化、玉文化与吉祥文化这十个方面，进行了较为系统的总结，是一部涉及玉文化与诸多文化融合的一部专著，目前全国同类的玉文化方面专著还甚少，具有一定的史料性和可读性。在编撰《玉润中国》专著的过程中，得到了镇平县玉文化改革发展试验区管理委员会、南阳市拓宝工艺品有限公司、南阳市文心读玉工艺品有限公司、南阳市石语斋、镇平县玉神工艺品有限公司、镇平县醒石斋工艺品有限公司、镇平县三富有限公司、镇平县博奥工艺品有限公司、北京市紫气东来玉器公司、上海市春明玉雕厂、上海市明清工艺品厂、苏州市大赵玉雕工作室、苏州市子辉工作室、云南瑞丽海奇工作室、苏州市艺扬工作室、河南省新密市华龙玉器厂、郑州市汉庐典藏、广东省四会市翡翠文化研究学社，中国工艺美术大师、中国玉石雕刻大师仵应汶、中国玉石雕刻大师魏玉忠、张保国、张红哲、杨文双、李海奇、张克钊、赵显志，中国青年玉石雕刻艺术家刘国皓、刘晓波，河南省工艺美术大师王玉敬、仵子辉和闫英明先生、宋哲女士、刘晓强先生的大力支持。河南省珠宝玉石首饰行业协会副秘书长刘正彦、独山玉收藏家李平为《玉润中国》的出版提供了大量精美的图片，在此表示衷心的感谢。由于我们经验不足，水平有限，尽管已经做出了很大的努力，也付出了许多，但《玉润中国》难免有缺点和不足的地方，敬请广大读者批评指正。

王　林　于河南镇平

2012年12月